『十四五』时期国家重点出版物出版专项规划项目

中国经济作物种质资源丛书 ／ 特色果树种质资源系列

中国

软枣猕猴桃

种质资源

艾 军 等 ◎ 著

中国农业出版社

北 京

图书在版编目（CIP）数据

中国软枣猕猴桃种质资源 / 艾军等著. —北京：
中国农业出版社，2023.6
（中国经济作物种质资源丛书. 特色果树种质资源系
列）
ISBN 978-7-109-29840-8

Ⅰ.①中⋯　Ⅱ.①艾⋯　Ⅲ.①猕猴桃－种质资源－中
国　Ⅳ.①S663.402.4

中国版本图书馆CIP数据核字（2022）第149480号

中国农业出版社出版
地址：北京市朝阳区麦子店街18号楼
邮编：100125
责任编辑：黄　宇
版式设计：杜　然　　责任校对：吴丽婷　　责任印制：王　宏
印刷：中农印务有限公司
版次：2023年6月第1版
印次：2023年6月北京第1次印刷
发行：新华书店北京发行所
开本：787mm×1092mm　1/16
印张：8
字数：175千字
定价：105.00元

著者名单

艾　军　孙　丹　石广丽

王　月　王振兴　刘晓颖

秦红艳　郭建辉　齐秀娟

范书田　赵　滢　杨义明

前　言

　　软枣猕猴桃[*Actinidia arguta* (Sieb.et Zucc.)Planch. ex Miq.]为猕猴桃科猕猴桃属的多年生落叶藤本植物，中心分布于我国黑龙江、吉林、辽宁等23个省份，俄罗斯的远东地区、日本大部及朝鲜半岛也有分布，是猕猴桃属中分布范围最广的一个种。与中华猕猴桃、美味猕猴桃及毛花猕猴桃等相比，软枣猕猴桃果实表面光滑，整果可食，品质风味独特，并且抗寒性及细菌性溃疡病抗性均较强。因此，软枣猕猴桃是继中华猕猴桃和美味猕猴桃之后最具商业化栽培价值的猕猴桃种类。

　　种质资源是软枣猕猴桃品种选育的基础材料，也是软枣猕猴桃驯化栽培的关键所在。我国系统开展软枣猕猴桃的驯化栽培始于20世纪60年代，从1961年开始，中国农业科学院特产研究所袁福贵、邓润中等人对吉林省长白山区的6个县区进行了软枣猕猴桃种质资源的调查工作，并开展了种质资源收集、评价及栽培技术等的系统研究，还以软枣猕猴桃种质为母本、中华猕猴桃为父本，进行了远缘杂交的探索。这些研究，对我国软枣猕猴桃种质资源的收集、利用具有开创性的意义。据资料统计，到目前为止我国共收集软枣猕猴桃种质资源700余份，选育软枣猕猴桃品种17个，2015年全国软枣猕猴桃栽培面积已经达到$1\,200hm^2$，自主选育的软枣猕猴桃品种已广泛应用于生产。但值得关注的是，由于种质资源保存体系不完善，所收集的软枣猕猴桃种质资源流失严重。

　　笔者自1993年开始接触软枣猕猴桃种质资源工作至今已有28个年头，在这期间亲眼目睹了袁福贵、赵淑兰等老一辈软枣猕猴桃科研工作者对事业的执着和严谨的治学风范，也深深地领悟到种质资源工作传承的重要性。尤其是2009年开始亲自带领团队开展软枣猕猴桃资源研究工作，更深刻地感触到这一工作的任重道远。比如在软枣猕猴桃种质资源圃中，我们先后遇到了葡萄肖叶甲、灰匙同蝽、离子瘿螨、大青叶蝉、茎基腐病、晚霜等多种病虫害的危害，如果防治不当，每一种病虫害都会严重威胁到种质资源的安全保存。

我国作物种质资源学的奠基人董玉琛院士提出了中国遗传资源工作的二十字方针，即"广泛收集，妥善保存，深入研究，积极创新，充分利用"，高度概括了种质资源工作的主要内容及目标，也非常清晰地为软枣猕猴桃种质资源研究指明了方向。我们在继承前人研究工作的基础上，在软枣猕猴桃种质资源保存方法、繁殖更新技术、病虫害防治、遗传多样性评价及种质创新领域开展了大量工作，并取得了很好的成绩。我们对相关研究成果进行系统整理，编著成书，希望对软枣猕猴桃种质资源的收集、保存、评价及高效利用等起到一定的借鉴作用。

在资料收集过程中得到了全俄瓦维洛夫作物科学研究所远东试验站切布金 P.A.研究员、吉林省科学技术厅国际合作处朴明爱一级调研员的大力支持，团队研究生张苏苏、温欣在资料整理过程中也做了大量工作，在此一并表示谢意。限于水平及时间，书中不妥及谬误之处在所难免，敬请同行及读者批评指正。

主要病虫害及防治部分所提供的农药应符合国家相关文件的规定，使用浓度及施用量，会因生长时期及产地生态条件的差异而有所变化，故仅供参考，实际应用时以所购产品使用说明为准。

著者　艾　军

2021 年 8 月

目　录

第一章 概 述

  猕猴桃属植物共有54个种、21个变种，计75个分类单元。中国是世界上猕猴桃种质资源最丰富的国家，除白背叶猕猴桃（*Actinidia hypoleuca* Nakai）及尼泊尔猕猴桃（*A. strigosa* Hooker f. and Thomas）两个种外，其他种均为中国特有分布或中心分布，因此，中国蕴藏着丰富的猕猴桃物种资源和优异种质资源（黄宏文，2013）。

  软枣猕猴桃 [*Actinidia arguta* (Sieb.et Zucc.) Planch. ex Miq.] 是猕猴桃属中分布范围最广的一个种，包括软枣猕猴桃（原变种）及陕西猕猴桃（变种）。软枣猕猴桃（原变种）主要分布于中国的黑龙江、吉林、辽宁、天津、北京、河北、山东、山西、河南、陕西、甘肃、安徽、湖北、重庆、四川、浙江、福建、江西、湖南、贵州、广西、云南、台湾等省份和日本大部分地区、朝鲜半岛及俄罗斯远东地区；陕西猕猴桃（变种）主要分布于中国河南、陕西、江西、甘肃、湖北、重庆、四川、浙江、湖南及广西，其与原变种的区别在于叶背面遍披卷曲柔毛或仅在主脉两侧有卷曲柔毛，而原变种则无此特征（李新伟，2007）。软枣猕猴桃从我国最北的黑龙江至南方广西境内的五岭山地都有分布，生于海拔25 ~ 3 600m的山林中、溪流旁或湿润地带，从东北至西南分布海拔呈逐渐升高的趋势（梁畴芬，1984；李新伟，2007；李旭等，2015）。软枣猕猴桃为落叶木质藤本植物，雌雄异株，生长势强，自然条件下缠绕于邻近乔木向上生长，形成自然叶幕层，株高5m左右，高者可达10m以上（图1-1至图1-8）。主要伴生植物为：水曲柳（*Fraxinus mandshurica* Rupr.）、紫椴（*Tilia amurensis* Rupr.）、色木槭（*Acer mono* Maxim.）、黄檗（*Phellodendron amurense* Rupr.）、胡枝子（*Lespedeza bicolor* Turcz.）、榆树（*Ulmus pumila* L.）、榛（*Corylus heterophylla* Fisch.）、白桦（*Betula platyphylla* Suk.）、山杨（*Populus davidiana* Dode）、胡桃楸（*Juglans mandshurica* Maxim.）、落叶松（*Larix olgensis* A. Henry）、蒙古栎（*Quercus mongolica* Fisch. ex Ledeb）、赤松（*Pinus densiflora* Sieb.et Zucc.）、拧筋槭（*Acer triflorum* kom.）、红皮云杉（*Picea koraiensis* Nakai）、红松（*Pinus koraiensis* Sieb.et Zucc.）、稠李（*Prunus padus* L.）等（李旭等，2015）。

  与中华猕猴桃、美味猕猴桃及毛花猕猴桃等猕猴桃相比，软枣猕猴桃果实表面光滑，整果可食，品质风味独特，并且抗寒性及细菌性溃疡病抗性均较强。因此，软枣猕猴桃种质资源用于猕猴桃杂交育种及开展人工驯化栽培利用具有较大的优势和广阔的前景。

  古代对软枣猕猴桃人工栽培及利用的文献记载极为稀少，并没有直接证据证明古人进行系统的软枣猕猴桃栽培。唐代诗人岑参在《太白东溪张老舍即事寄舍弟侄等》一诗中描述："中庭井阑上，一架猕猴桃。"说明我国早在1 200多年前就将猕猴桃引入庭院栽培，但栽培的猕猴桃种类不详。在韩国和日本有关于软枣猕猴桃作为观赏用途零星栽培和果实采集的记载。例如，在韩国汉城昌德宫的花园中有一株软枣猕猴桃古树，据称树龄600年（Shim et al.，1999）。另有一份早期有插图的报告描述了日本东京植物园的一株软枣猕猴桃（Ito et al.，1883）。现有的典籍只表明日本和韩国有从野生植株采收果实的记载（Ito and Kaku，1883；Georgeson，1891；Batchelor and Miyabe，1893），未见大规模种植及利用的记载。

欧洲及美国最初只将软枣猕猴桃作为观赏植物从中国及日本引入栽培，因为当时常将软枣猕猴桃、狗枣猕猴桃及葛枣猕猴桃相混淆，无法确定各国引入软枣猕猴桃的具体时期，推测应在19世纪中叶以后。进入20世纪末，美国、新西兰、智利、法国、德国、意大利等国家才开始实质性地开发利用软枣猕猴桃资源进行商品化栽培，但栽培规模仍十分有限，如2002年美国俄勒冈州软枣猕猴桃的栽培面积大约40hm^2，其他州约有15hm^2（黄宏文，2013）。

在日本，软枣猕猴桃主要分布于北海道、本州、四国和九州（大井次三郎，1965）。日本的科研工作者主要开展了授粉与结实关系、休眠芽的低温需冷特性及不同区域软枣猕猴桃资源染色体倍性等研究（水上徹，2005；Phivnil, K.，2004；片冈郁雄，2006），值得关注的是，日本的软枣猕猴桃资源因分布区域的差异，染色体倍数存在丰富的变异，除四倍体（$2n = 4x = 116$）资源外，还存在2、6、7、8倍体。从1988年到2017年日本共选育软枣猕猴桃及软枣猕猴桃种间杂交品种16个，其中的3个品种为完全花资源（张敏等，2017）。韩国自20世纪90年代开始进行软枣猕猴桃品种的选育工作，从1995年到2007年共选育软枣猕猴桃及种间杂交品种8个，2012年韩国的软枣猕猴桃栽培面积仅15hm^2（朴一龙等，2012）。

苏联将软枣猕猴桃作为果树引种研究是从米丘林开始的。1920年，米丘林尝试将软枣猕猴桃（Actinidia arguta）与狗枣猕猴桃（Actinidia kolomikta）进行杂交，但未获得成功（Шашкин И.Н.，1937）。20世纪30年代，在米丘林的倡议下，对远东地区的猕猴桃资源进行了调查，调查活动的参与者捷杰列夫 F.K. 首次将包括软枣猕猴桃在内的猕猴桃属植物引入到列宁格勒地区全苏植物栽培研究所巴甫洛夫试验站进行栽培试验（Тетерев Ф.K.，1962）。1940年格尼坚科 A.N. 在苏联科学院远东分院山地试验站首次种植了软枣猕猴桃。1954年季特里亚诺夫 A.A. 开始研究软枣猕猴桃的生物学特性，并提出了软枣猕猴桃培育和无性繁殖的建议。他研究了64份软枣猕猴桃资源，从中确定了4份优异资源（Титлянов А.A.，1969）。俄罗斯园艺研究中心植物种质资源库和植物生物资源中心（全俄植物栽培科研所莫斯科分部）、全俄园艺和苗圃育种技术中心及全俄瓦维洛夫作物栽培研究所远东试验站等单位在软枣猕猴桃种质资源收集及育种领域都开展了大量的工作，在对萨哈林地区、滨海边疆区和哈巴罗夫斯克边疆区等软枣猕猴桃的自然生境、生态学和表型多样性等进行研究的基础上共收集软枣猕猴桃种质资源120余份，选育软枣猕猴桃品种7个（Колбасина Э.И.，2008；Козак Н.В.，2017、2020；Царенко В.П.，2017；Чебукин П.А.，1999、2001）。

乌克兰国家科学院中央植物园自20世纪中期，进行了软枣猕猴桃的品种培育工作，以莎伊旦I.M.为代表的育种工作者通过对从中国获得的软枣猕猴桃实生植株的优选获得了第一批软枣猕猴桃品种，在此基础上开展杂交育种工作，已选育软枣猕猴桃品种15个（Шайтан И.М.，1983；Скрипченко Н.В.，2002）。

我国系统开展软枣猕猴桃种质资源收集、评价始于20世纪60年代，1961—1964年，中国农业科学院特产研究所邓润中、袁福贵等对吉林省安图、延吉、和龙、永吉、蛟河、集安等县的山区进行了软枣猕猴桃种质资源的调查工作，并收集优异种质资源15份，详细描述了5份种质资源的果实性状及产量性状，在开展软枣猕猴桃生物学特性、绿枝扦插繁殖技术等研究的基础上，还以软枣猕猴桃为母本、中华猕猴桃为父本，进行了远缘杂交的探索，获得杂交种子数百粒（袁福贵，1979）。这些研究，对我国软枣猕猴桃种质资源的收集和利用具有开创性的意义。

1978年8月，由农业部、中国农业科学院主持的全国猕猴桃科研协作座谈会在河南信阳召开，来自全国猕猴桃主要分布区16个省份的科研、大学、供销、轻工、生产部门的相关专家学者参加了会议，中国科学院及全国供销合作总社的代表也参加了会议并参与了科研及产业发展规划的制定，标志着我国国家层面猕猴桃科研及产业发展的起步。会议制订了我国1978—1985年猕猴桃科研计划，会议特别强调了我国丰富的猕猴桃资源优势对后续产业发展的重要作用。随后成立了由我国已故著名果树资源研究专家崔致学为总协调人的全国猕猴桃科研协作组，由此我国猕猴桃资源的深入系统研究全面展开。至1992年，我国已有27个省份完成了全省或部分地区、县市的猕猴桃资源调查，基本查清了我国猕猴桃资源本底状况，并在此基础上开展了猕猴桃栽培品种的选育，从美味猕猴桃、中华猕猴桃及软枣猕猴桃野生群体中筛选了1 400余个优良单株（崔致学，1993）。全国猕猴桃科研协作组的成立，对我国软枣猕猴桃种质资源收集工作也起到了重要的促进作用。据文献统计，从1978—1985年，我国东北地区仅辽宁省清原县供销社、抚顺市农业科学研究所、中国农业科学院特产研究所、辽宁省清原县果品公司、宽甸县干鲜果品生产技术服务公司5家单位就收集软枣猕猴桃种质资源614份，筛选优异种质资源67份，为我国软枣猕猴桃种质资源研究及新品种选育奠定了基础（袁福贵，1984；焦言英等，1988；张志伟等，1990；曹学春等，1984）。

1986—2004年，我国软枣猕猴桃种质资源的收集进入一个停滞期，但在软枣猕猴桃新品种选育方面取得了突破性的进展。1993年，中国农业科学院特产研究所赵淑兰等通过野生选种选育出我国最早的两个软枣猕猴桃新品种魁绿和丰绿，标志着我国软枣猕猴桃种质资源收集、利用工作结出了硕果（赵淑兰，2002）。从2005年开始，我国软枣猕猴桃种质资源的收集工作又进入一个快速发展期，收集到桓优1号、茂绿丰、LD133等

20 余份优异种质资源。这一时期软枣猕猴桃种质资源的研究工作也取得了较大进展，对软枣猕猴桃种质资源的认识更加深入。石广丽等（2018）利用 0 ~ 7.2℃ 有效低温模型评价了原产于东北的 43 份软枣猕猴桃种质资源，结果表明各资源的低温需冷量均不高于 1 056h，有 37% 的资源低温需冷量不高于 672h。曹建冉等（2019）鉴定了软枣猕猴桃休眠期枝条的抗寒性，发现软枣猕猴桃种内抗寒性存在广泛变异，不同区域的种质资源抗寒性差异明显，来自河南省的种质资源的抗寒性显著低于东北地区收集的种质资源。温欣等（2020）利用丁香假单胞菌猕猴桃致病变种对软枣猕猴桃种质资源一年生的半木质化枝条进行人工接种，鉴定其溃疡病抗性，结果表明软枣猕猴桃对细菌性溃疡病抗性显著优于对照的中华猕猴桃及美味猕猴桃品种，但均存在不同程度的感病现象，说明软枣猕猴桃在生产中虽然未发生严重的细菌性溃疡病危害，但仍存在一定的发病风险。因此，在软枣猕猴桃种质资源收集利用中应加强该指标的鉴定工作，为新品种选育提供优良的基因资源。

从 1993 年开始，中国农业科学院特产研究所、中国科学院武汉植物园、中国农业科学院郑州果树研究所等单位通过软枣猕猴桃野生资源选种及实生选种等途径，共选育出软枣猕猴桃新品种 17 个（张敏等，2017；张莹等，2020），其中通过野生资源选种途径共选育新品种 12 个，占全部选育品种的 70.6%，通过实生选种方式选育新品种 5 个，占全部选育品种的 29.4%（表1-1）。据统计，2015 年中国的软枣猕猴桃栽培面积为 1 200hm^2（李亚东，2016）。

表1-1　我国选育的软枣猕猴桃品种

品种	品种类型	花型	选育单位	选育时间
魁绿	软枣猕猴桃（野生资源）	雌	中国农业科学院特产研究所	1993 年
丰绿	软枣猕猴桃（野生资源）	雌	中国农业科学院特产研究所	1993 年
佳绿	软枣猕猴桃（野生资源）	雌	中国农业科学院特产研究所	2014 年
苹绿	软枣猕猴桃（野生资源）	雌	中国农业科学院特产研究所	2015 年
绿王	软枣猕猴桃（野生资源）	雄	中国农业科学院特产研究所	2015 年
馨绿	软枣猕猴桃（野生资源）	雌	中国农业科学院特产研究所	2016 年
甜心宝	软枣猕猴桃（实生选种）	雌	中国农业科学院特产研究所	2018 年
婉绿	软枣猕猴桃（野生资源）	雌	中国农业科学院特产研究所	2018 年
瑞绿	软枣猕猴桃（实生选种）	雌	中国农业科学院特产研究所	2018 年
天源红	软枣猕猴桃（野生资源）	雌	中国农业科学院郑州果树研究所	2008 年
红贝	软枣猕猴桃（实生选种）	雌	中国农业科学院郑州果树研究所	2017 年
猕枣1号	软枣猕猴桃（实生选种）	雌	中国科学院武汉植物园	2019 年
猕枣2号	软枣猕猴桃（实生选种）	雌	中国科学院武汉植物园	2019 年
宝贝星	软枣猕猴桃（野生资源）	雌	四川省自然资源科学研究院	2011 年
秦紫光1号	陕西猕猴桃（野生资源）	雌	陕西省西安植物园	2018 年
茂绿丰	软枣猕猴桃（野生资源）	雌	丹东茂绿丰农业科技食品有限公司	2016 年
桓优1号	软枣猕猴桃（野生资源）	雌	辽宁省桓仁满族自治县林业局	2008 年

　　国外在软枣猕猴桃品种选育方面较少利用野生资源直接选育品种，而是通过已有种质资源进行实生选种、杂交育种等培育软枣猕猴桃新品种。对日本、韩国、新西兰、美国及欧盟等国家（组织）选育的63个软枣猕猴桃品种（包括种间杂交品种）统计的结果表明，通过野生资源选育的品种只占1.6%，通过实生选种、种内杂交育种选育的品种分别占15.9%和9.5%，而通过软枣猕猴桃与中华猕猴桃、美味猕猴桃等进行种间杂交选育的品种占到22.2%。我国为软枣猕猴桃的中心分布区，软枣猕猴桃分布范围广，遗传多样性极为丰富，存在着适应不同生态地理条件的软枣猕猴桃种质资源，这为我国直接利用软枣猕猴桃野生资源提供了得天独厚的条件。但也必须看到，软枣猕猴桃这一物种本身也具有一定的局限性，如果实的耐贮运性问题、丰产性问题等，因此，利用软枣猕猴桃种质资源开展育种目标明确的杂交育种具有重要意义。

　　软枣猕猴桃种质资源的收集、保存及评价是种质创新和品种选育的基础和前提。我国在猕猴桃种质资源研究领域取得了丰硕的成果，出版了《中国猕猴桃》《猕猴桃属分类资源驯化 栽培》《中国猕猴桃种质资源》《猕猴桃种质资源描述规范和数据标准》等多部著作，这些著作对软枣猕猴桃种质资源的研究和利用具有重要的指导作用。从1961年开始软枣猕猴种质资源收集、评价及利用研究，我国软枣猕猴桃种质资源的研究利用工作已经走过漫长的60年，经过多家单位、几代人的不懈努力，在软枣猕猴桃种质资源收集、保存、评价、利用等方面均取得较大进展。笔者及相关团队在继承前人研究的基础上，在软枣猕猴桃种质资源保存方法、繁殖技术、病虫害防治、遗传多样性鉴定、抗逆性评价及种质创新领域均有小得，经过系统整理，编撰成书，希望对软枣猕猴桃种质资源的收集、评价及利用等起到一定的借鉴和指导作用，并使相关专业人员对软枣猕猴桃的认识进一步完善和提高。

图1-1　软枣猕猴桃种质资源自然生境（溪谷旁）

图1-2 软枣猕猴桃种质资源自然生境（山坡地带）

图1-3 软枣猕猴桃种质资源自然生境（林缘）

图1-4　野生软枣猕猴桃老蔓

图1-5　野生软枣猕猴桃植株

图1-6　野生软枣猕猴桃开花状

图1-7 野生软枣猕猴桃结果状

图1-8 野生软枣猕猴桃果实

第二章 软枣猕猴桃的植物学特征

植物的根、茎、叶、花、果等器官的表型特征与其栽培特性、丰产稳产性及抗逆性等密切相关，是种质资源鉴定、评价的重要性状。软枣猕猴桃为大型落叶木质藤本植物，新梢逆时针缠绕攀附于其他伴生植物扩大树冠，以满足其生长所需的光照、温度、水分、气体等条件，软枣猕猴桃还具有较大的叶片、二歧聚伞花序、雌雄异株、果实光滑无毛等特性，这些特性体现了软枣猕猴桃与其他物种的主要区别。软枣猕猴桃不同个体间各性状也存在丰富的遗传多样性，为软枣猕猴桃种质资源的收集、评价、种质创新及新品种选育等提供了广阔的空间。

一、根系

1. 根系的种类（图2-1）

（1）实生根系 实生根系由种子的胚根发育而成。种子萌发时，胚根迅速生长并深入土层中而成为主轴根，之后在根颈附近形成一级侧根。软枣猕猴桃实生苗的根系与其他植物一样由主根和侧根组成，在实生育苗时要进行断根促进侧根生长，以提高根系的吸收能力。

（2）茎源根系 茎源根系是指软枣猕猴桃通过扦插、压条繁殖所获得的苗木的根系。因为这类根系是由茎上产生的不定根形成的，所以也称不定根系或营养苗根系。茎源根系由根干和各级侧根、幼根组成，没有主根。

2. 根系形态
根系具有固定植株、吸收水分与矿物营养、贮藏营养物质和合成多种氨基酸、激素的功能。软枣猕猴桃的根系为黄褐色，富于肉质，其皮层的薄壁细胞及韧皮部较发达。成龄软枣猕猴桃植株无明显主根，每株可形成多条骨干根，粗度3mm以上的根不着生须根（次生根或生长根），可着生2mm以下的疏导根，粗度2mm以下的疏导根上着生须根。

3. 根系分布
软枣猕猴桃的根系在土壤中的分布状况因气候、土壤、地下水位、栽培管理方法和树龄等的不同而发生变化。据调查，根系垂直分布于地表以下5～70cm深的土层内，集中在20～50cm深的范围内；水平分布在距根颈250cm的范围内，集中在

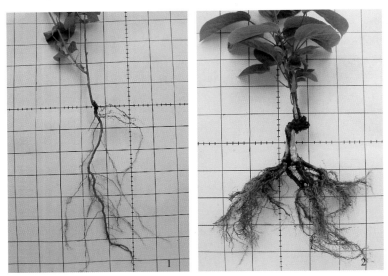

图2-1　软枣猕猴桃实生根系及茎源根系
1.实生根系　2.茎源根系

距根颈100cm的范围内。在人工栽培条件下，根系垂直分布和水平分布与园地耕作层土壤的深浅和质地及施肥措施等有密切关系。软枣猕猴桃的根系具有较强的趋肥性，在施肥集中的部位常集中分布着大量根系，形成团块结构。级次较低的根系可分布到较深、较远的位置，增加施肥深度和广度可有效诱导根系向周围扩展，促进营养吸收，增强植株抗旱力。

二、枝蔓

　　软枣猕猴桃为大型落叶藤本植物，木质部疏松，老蔓光滑无毛，浅灰色或灰褐色。一年生枝灰色、淡灰色或红褐色，无毛，光滑，皮孔纺锤形或长梭形，密而小，色浅；髓白色或褐色，呈片层状（图2-2）；平均节间长5～10cm，最长15cm。新梢颜色为绿色、绿带红色及红色，新梢前端常具有白色、褐色至粉红色茸毛，可作为区分不同种质资源的重要标志。

　　人工栽培的软枣猕猴桃地上部分的茎从形态上可分为主干、主蔓、侧蔓、结果母枝

图2-2　软枣猕猴桃枝条的片状髓

和新梢，新梢又可分为结果枝和营养枝（图2-3）。从地面发出的树干称为主干，主蔓是主干的分枝，侧蔓是主蔓的分枝。结果母枝着生于主蔓或侧蔓上，为上一年成熟的一年生枝。从结果母枝上的芽眼所抽生的新梢，带有花序的称为花枝，结果后为结果枝（图2-4），不带花序的称为营养枝。

图2-3 软枣猕猴桃的树体结构
1.主干 2.主蔓 3.侧蔓（结果母枝） 4.结果枝 5.营养枝

图2-4 软枣猕猴桃的结果枝

软枣猕猴桃的新梢较短时，常直立生长不缠绕，但当长至80 ~ 100cm时，要依附其他树木或支架按逆时针方向缠绕向上生长（图2-5）。新梢生长到秋季落叶后至次年萌芽之前称为一年生枝，根据一年生枝的长度可将其分为长枝（50 ~ 100cm）、中枝（30 ~ 50cm）、短枝（10 ~ 30cm以下）和叶丛枝（10cm以下），此外，还有超长枝（100cm以上）、徒长枝（200 ~ 300cm）。

图2-5　软枣猕猴桃枝蔓逆时针缠绕

三、叶片

软枣猕猴桃叶片形态的遗传多样性极为丰富（图2-6）。叶片膜质或纸质，椭圆形、心形、卵圆形或阔卵圆形，长5.0 ~ 19.0cm，宽4.0 ~ 17.0cm。尖端尾尖、急尖或渐尖；基部近圆形、楔形、截形或亚心形，等侧或稍不等侧；叶缘锯齿密或叶缘波状而锯齿不发达。叶面绿色，有光泽，无毛。叶背绿色或灰绿色，侧脉腋上有簇毛或中脉和侧脉下段的两侧沿生少量卷曲柔毛（图2-7），或叶背面较普遍地被卷曲柔毛；侧脉稀疏，6 ~ 7对，分叉或不分叉，光滑或有茸毛；横脉和网状小脉细，不发达，可见或不可见。叶柄长3.0 ~ 12.0cm，绿色、淡红色、红色或紫红色，无毛或略被微弱的卷曲柔毛。

图2-6　软枣猕猴桃叶片

图2-7　叶脉簇毛

四、芽

软枣猕猴桃的芽为腋芽，由数枚绿色
叶状鳞片、叶原始体和生长点组成，着生
于叶腋间海绵状的芽座内。在生长季芽座
被叶柄覆盖，其外形不易被看到，休眠期
叶柄脱落后，芽座的形态较易观察，芽座
上有叶痕及芽孔（图2-8），叶痕的深浅及
芽孔的大小因种质不同有很大的差异。休
眠期芽座内有芽（图2-9）。软枣猕猴桃的
花芽为混合芽，在越冬芽中孕育着花的原
始体，但冬前不进行形态分化，翌年春季随
着越冬芽的萌发进入形态分化期。软枣猕猴

图2-8　软枣猕猴桃的芽座
1.芽孔　2.叶痕

桃花芽分化时间短，速度快，在吉林地区自
4月下旬花芽开始分化起，至5月中下旬雌蕊形成，仅历时25d左右，分化进程极快（赵淑
兰，1996）。软枣猕猴桃萌芽期叶状鳞片会伴随芽体的膨大而生长，芽体呈钝圆锥状突破芽
孔从芽座中生长出来（图2-10），萌芽期软枣猕猴桃不同种质的叶状鳞片颜色呈现由绿色到
红色的连续变异。

图2-9　软枣猕猴桃休眠期芽座内的芽

图2-10　软枣猕猴桃芽萌发

五、花

软枣猕猴桃为雌雄异株植物（图2-11、图2-12），蜂媒花（图2-13）。雌花腋生，单花或二歧聚伞花序（图2-14），有花1～7朵；花冠径11～34mm，花白色微绿，花瓣5～7（15）枚，花瓣不平展，多呈勺状内凹，整体呈近圆形、卵圆形、阔卵圆形、椭圆形、长椭圆形等。具有发达的瓶状子房，子房上位，纵径约2mm，浅绿色，无毛。花柱白色，扁平，18～36个，长约2mm，呈辐射状排列。雄蕊多数，23～48枚，花丝短于子房，花药黑色、浅黑色或黄色。花粉粒小而瘪，形状不规则，大小不等。萼片4～7裂，卵圆形至长圆形，长3.5～5mm，边缘较薄，有不甚显著的缘毛，两面薄被粉末状短茸毛，或外面毛较少或近无毛，浅绿色至红褐色。

雄花腋生，二歧聚伞花序，有花3～7朵，在雄花枝前端常出现叶片退化，多个花序聚合于同一中心轴上形成

图2-11　软枣猕猴桃雌株

图2-12　软枣猕猴桃雄株

图2-13　软枣猕猴桃蜜蜂访花

图2-14　软枣猕猴桃二歧聚伞花序

类似总状花序的花序复合体（图2-15）。花瓣形状类似雌花，子房退化，雄蕊28～66枚，花丝白色，长3～5mm。花药黑色或浅黑色，箭头状（图2-16），长1.5～2mm。花粉粒饱满（图2-17），梭形，大小均一，有生命力。

图2-18为软枣猕猴桃雌花花粉粒。

图2-15 软枣猕猴桃雄花枝前端的花序复合体

图2-16 软枣猕猴桃雄花的箭头状花药

图2-17 软枣猕猴桃雄花花粉粒

图2-18 软枣猕猴桃雌花花粉粒

通常情况下，软枣猕猴桃为雌雄异株、单性花植物，但也有报道软枣猕猴桃存在两性花植株，在日本选育出的16个软枣猕猴桃品种中，有3个为两性花类型（张敏等，2017）。我们的研究未发现两性花的软枣猕猴桃资源，但发现软枣猕猴桃雄株的不同资源，其子房和花柱的发育程度存在较大差异，有些雄株资源虽然不具结实能力，但雌性器官形态发育较为充分（图2-19）。此外，我们还收集到子房、花柱和花瓣均为淡粉红色的资源类型，以及花瓣数达到15枚的多瓣软枣猕猴桃种质资源。这些都说明软枣猕猴桃种质资源的遗传多样性远较研究者之前所掌握的要丰富得多，随着种质资源收集、评价工作的不断深入，会有更多的特异种质资源被发现。

图2-20示软枣猕猴桃普通花朵形态，图2-21、图2-22示软枣猕猴桃花瓣的多样性。

图2-19　软枣猕猴桃雄花的雌蕊异常发育
1.正常雄花　2.雌蕊发育雄花　3.正常雌花

图2-20　软枣猕猴桃普通花朵形态

图2-21　软枣猕猴桃多瓣型花

图2-22　软枣猕猴桃雌蕊及花瓣粉红色

六、果实

软枣猕猴桃的果实形状不一，有卵圆形、矩圆形、扁圆形、长圆形、椭圆形等多种形状。果皮绿色至红色，光滑无毛，先端具有短尾状的喙。果实平均重3.6～26.7g，最大果重50g以上。梗洼窄而浅，果梗1～2cm。成熟果实软而多汁，果肉细腻，黄绿色或红色，味甜微酸，具有香气。果心为中轴胎座多心皮，心室25个左右。种子较小，千粒重1.5～1.8g。

图2-23为软枣猕猴桃果实解剖示意图。

图2-23　软枣猕猴桃果实解剖示意图
1.果皮　2.果肉　3.果心　4.喙　5.种子

第三章 软枣猕猴桃种质资源的遗传多样性

　　软枣猕猴桃为多年生木质藤本植物，分布范围广，遗传多样性丰富，开展软枣猕猴桃种质资源收集、评价工作，挖掘优良种质资源，是软枣猕猴桃新品种选育的前提和基础。本章内容以胡忠荣等（2006）编著的《猕猴桃种质资源描述规范和数据标准》为依据，结合软枣猕猴桃物种资源的特殊性，对软枣猕猴桃种质资源若干典型性状的遗传多样性进行系统描述，力求反映其种内变异的多样性，为软枣猕猴桃种质资源的鉴定评价提供范例。

▌ 一、枝蔓的遗传多样性

　　1. 新梢颜色　　软枣猕猴桃花期，选择树冠外围不同方向发育正常的30个新梢，调查新梢中部节间的颜色，采用目测法进行判断。按照最大相似原则，确定新梢的着色情况。新梢颜色（图3-1），分为：

　　　1 绿色
　　　2 绿带红色
　　　3 红色

图3-1　新梢颜色

2.**新梢被毛密度**　软枣猕猴桃花期，选择树冠外围不同方向发育正常的30个新梢，采用目测方法，观测被毛的着生情况。新梢被毛密度（图3-2），分为：

1 稀

2 中

3 密

图3-2　新梢被毛密度

3.**新梢被毛颜色**　软枣猕猴桃花期，选择树冠外围不同方向发育正常的30个新梢，采用目测法，调查新梢上部被毛颜色。根据最大相似原则，确定被毛颜色（图3-3），分为：

1 白色

2 褐色

3 浅粉色

4 粉色

5 粉红色

图3-3　新梢被毛颜色

4.**一年生枝阳面色泽**　在休眠期，选择树冠外围不同方向发育充实的30个一年生枝，采用目测法，观察枝条向阳面的色泽。按照最大相似原则，确定枝条向阳面的色泽（图3-4），分为：

1 灰

2 灰褐

3 褐色

4 红褐

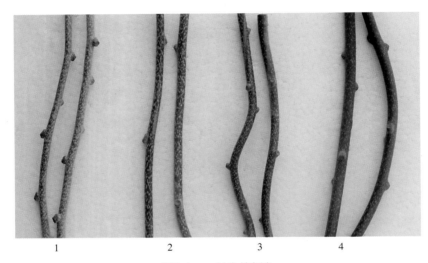

图3-4　一年生枝颜色

5.**皮孔形状**　软枣猕猴桃休眠期，选择树冠外围不同方向发育充实的30个一年生枝，采用目测方法，观察基部第五节位以上5cm长枝条上的皮孔。确定其皮孔形状（图3-5），分为：

1 长梭形

2 梭形

3 椭圆形

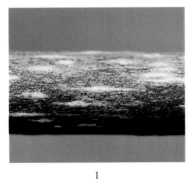

1　　　　　　　　　　　2　　　　　　　　　　　3

图3-5　皮孔形状

二、芽的遗传多样性

1. **一年生枝芽孔类型**　软枣猕猴桃休眠期，选择树冠外围不同方向发育充实的 30 个一年生枝，采用目测方法，观察枝条中部的芽孔情况。依据大多数枝条的芽孔情况确定其枝条的芽孔类型（图3-6）。芽孔的类型分为：

　　1闭合

　　2开张

1　　　　　　　　　　　　　　　　　2

图3-6　一年生枝芽孔类型

2. **芽座大小**　软枣猕猴桃休眠期，选择树冠外围不同方向发育充实的30个一年生枝，采用目测和手感评价方法，观察枝条前端着花节位的芽座形态（图3-7）。依据最大相似性原则确定芽座大小，分为：

　　1小

　　2中

　　3大

 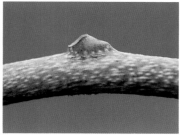 

1　　　　　　　　　　2　　　　　　　　　　3

图3-7　一年生枝芽座大小

3. **萌芽期幼芽颜色**　软枣猕猴桃萌芽期，随机调查充分着光的30个生长充分真叶尚未露出的锥形芽的表面颜色。采用目测法进行判断，按照最大相似原则，确定萌芽期幼芽的颜色（图3-8）。幼芽颜色分为：

1 绿色

2 绿带红色条纹

3 红色

图3-8　萌芽期幼芽颜色

三、叶片的遗传多样性

1. **叶片形状**　终花后10d，选择树冠外围不同方向发育正常的新梢，采用目测方法，观察枝条中部成龄叶片的形状（图3-9）。观察的叶片数为30片，依据大多数叶片的形状，参照模式图，确定种质的叶形。叶片形状分为：

1 卵圆形

2 阔卵圆形

3 心脏形

4 椭圆形

图3-9　叶片形状

2. **叶尖形状** 终花后10d，选择树冠外围不同方向发育正常的新梢，采用目测法对中部成龄叶片的尖端进行观察评价。观察的叶片数为30片，依据大多数叶片尖端的形状，参照标准，确定种质的叶尖形状（图3-10）。叶尖形状分为：

1 尾尖

2 急尖

3 渐尖

 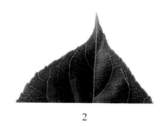 

　　　　1　　　　　　　　　　　2　　　　　　　　　　　3

图3-10　叶尖形状

3. **叶缘** 终花后10d，选择树冠外围不同方向发育正常的新梢，采用目测方法，对中部成龄叶片的边缘进行观察。观察的叶片数为30片，依据大多数叶片边缘的形状，参照叶缘模式图，确定种质的叶缘类型（图3-11）。叶缘类型分为：

1 锯齿

2 波浪状

　　　　　　1　　　　　　　　　　2

图3-11　叶　缘

4. **叶缘锯齿** 终花后10d，选择树冠外围不同方向发育正常的新梢，采用目测方法，对中部成龄叶片的边缘进行观察。观察的叶片数为30片，依据大多数叶片边缘的锯齿形状，确定种质的叶缘锯齿类型（图3-12）。叶缘锯齿类型分为：

1 细单锯齿

2 粗单锯齿

3 二出复锯齿

4 多出复锯齿

5 不规则复锯齿

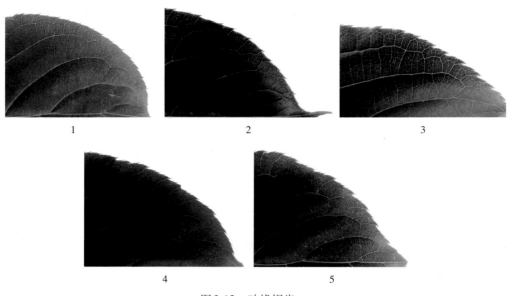

图3-12　叶缘锯齿

5.叶基形状　终花后10d，选择树冠外围不同方向发育正常的新梢，采用目测方法，对中部成龄叶片的基部进行观察评价。观察的叶片数为30片，依据大多数叶片基部的形状，参照模式图，确定种质的叶基形状（图3-13），其分为：

1 圆形

2 心脏形

3 楔形

4 截形

图3-13　叶基形状

6.**叶柄颜色** 软枣猕猴桃盛花期，选择树冠外围不同方向发育正常的新梢，采用目测方法，对中部成龄叶片的叶柄进行观察评价。观察的叶片数为30片，依据大多数叶柄颜色，按照最大相似原则，确定叶柄颜色（图3-14）。叶柄颜色分为：

1 绿色

2 浅红色

3 肉红色

4 红色

5 紫红色

图3-14 叶柄颜色

7.**叶片正面颜色** 软枣猕猴桃盛花期，选择树冠外围不同方向发育正常的新梢，采用目测法，对中部成龄叶片正面颜色进行观察。共观察30片，根据最大相似原则，确定种质叶片正面颜色（图3-15），其分为：

1 浅绿色

2 绿色

3 深绿色

图3-15 叶片正面颜色

8.**叶背颜色**　软枣猕猴桃盛花期，选择树冠外围不同方向发育正常的新梢，采用目测法，对中部成龄叶片背面颜色进行观察。共观察 30 片，根据最大相似原则，确定种质叶片背面颜色（图3-16）。叶背颜色分为：

　　1 灰绿色

　　2 绿色

图3-16　叶背颜色

四、花的遗传多样性

1.**花性**　软枣猕猴桃花期，当花开放时，选择树冠外围不同方向的开花枝条，采用目测方法，对中部的花朵进行观察，数量为30朵，根据其雄蕊、雌蕊的生长或退化情况确定花性（图3-17）。花性分为：

　　1 雄花（雌蕊退化，埋于雄蕊之间）

　　2 雌花（雄蕊退化，花丝低于柱头）

　　3 两性花（雄蕊和雌蕊发育正常）

图3-17　花　性

2.**花序类型**　软枣猕猴桃花期，选择树冠外围不同方向的开花枝条，采用目测方法，对花枝中部的花序进行观察，数量为30个，根据其花朵在花序上的着生状况及数量确定花序类型（图3-18）。花序类型分为：

　　1 单花（花轴不分枝）

　　2 简单二歧聚伞花序（3朵花）

　　3 多级二歧聚伞花序（3朵花以上）

图3-18　花序类型

3.**花瓣形状**　软枣猕猴桃盛花期，选择树冠外围不同方向的代表性花枝，采用目测法，对花序中部主花的花瓣形状进行观察，共观察30朵花，依据大多数的花瓣形状，确定种质的花瓣形状[*]（图3-19）。花瓣形状分为：

　　1 近圆形

　　2 卵圆形

　　3 阔卵圆形

　　4 椭圆形

　　5 长椭圆形

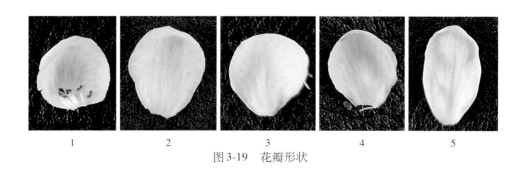

图3-19　花瓣形状

---

[*]上述没有列出的其他花瓣形状，需要另外给予详细的描述和说明。

4. **花冠类型**　软枣猕猴桃盛花期，选择树冠外围不同方向的典型花枝，采用目测方法，对中部花序的中心花花瓣数进行调查，共调查30朵花，依据大多数花朵花瓣数量，（图3-20）分为：

　　1少瓣花（4～9瓣）

　　2多瓣花（≥10瓣）

1　　　　　　　　　　　　　　　　　　2

图3-20　花冠类型

5. **花冠径**　软枣猕猴桃盛花期，选择树冠外围不同方向花枝上花序的中心花，利用游标卡尺测量花冠的直径，共测量30朵花，其平均值即为花冠径（图3-21）。单位为cm。

图3-21　花冠径

6. **花朵开放程度**　软枣猕猴桃盛花期，选择树冠外围不同方向代表性花枝上的花序中心花，观察花朵的开放程度。共观察30朵花，视线与花朵中心轴垂直，观察雌蕊或雄蕊的显露程度，依据大多数的花朵状况，确定种质的花朵开放程度（图3-22）。花朵的开放程度分为：

1 完全开放

2 中度开放

3 不充分开放

图3-22　花朵开放程度

7. **花萼颜色**　软枣猕猴桃开花前花蕾的花瓣露白期，选择树冠外围不同方向的代表性花枝，观察花枝中部典型花蕾的花萼着色状况，数量为30个，根据最大相似原则，依据花萼着色程度确定花萼颜色（图3-23）。花萼颜色分为：

1 绿色

2 绿带微红色

3 绿带红色

4 红褐色

图3-23　花萼颜色

8. **花柱姿势**　软枣猕猴桃盛花期，选择树冠外围不同方向的代表性花枝，采用目测方法，对中部花朵的花柱姿势进行观察，共观察30朵花，依据大多数花朵花柱的姿势，确定花柱姿势（图3-24）。花柱姿势分为：

1 直立

2 斜生

3 直立+水平

4 水平

5 贴生

图3-24　花柱姿势

9.**花药颜色**　软枣猕猴桃盛花期，选择树冠外围不同方向的代表性花枝，观察花枝中部着花节位上花朵的花药颜色，共观察30朵，根据最大相似原则，确定种质的花药颜色（图3-25）。花药颜色分为：

　　1黄色
　　2浅黑
　　3黑色

图3-25　花药颜色

10.**子房主体的形状**　软枣猕猴桃的子房呈瓶状，但子房下部主体部分因不同资源有较大差异。软枣猕猴桃盛花期，选择雌株资源树冠外围不同方向的代表性花枝，去掉花枝中部花朵的雄蕊和花瓣，采用目测方法，对花朵的子房进行观察，共观察30朵，依据大多数花朵子房的形状，确定子房主体部分的形状（图3-26）。子房主体形状分为：

　　1短圆柱形
　　2倒卵圆形
　　3卵圆形

图3-26　子房主体形状

五、果实的遗传多样性

1. 果实形状　软枣猕猴桃果实成熟期，选择植株外围四周生长健壮的结果枝，随机调查发育正常代表性果实30个，采用目测方法，对果实的外观形状进行观察。根据大多数果实的形状，参照果实形状模式图，确定种质的果实形状（图3-27）。果实形状分为：

1 短圆形

2 梯形

3 圆柱形

4 长圆柱形

5 圆球形

6 灯笼形

7 卵圆形

8 扁方形

9 扁卵圆形

10 椭圆形

11 长椭圆形

12 心形

图3-27　果实形状

2. 萼片宿存情况　在果实成熟期，选择植株外围生长健壮的结果枝，随机选择发育正常的果实30个，采用目测方法，对果实果肩部分的萼片情况进行观察，依据大多数果实萼片的情况，确定种质果实萼片是否宿存。萼片宿存情况（图3-28），分为：

1 无

2 有

图3-28　萼片宿存情况

3. 果皮颜色　在果实成熟期，选择生长健壮的植株，对外围结果枝中部所结果实的果皮颜色进行调查，调查果实 30 个，采用目测法，根据最大相似原则，确定种质的果皮颜色（图3-29）。果皮颜色分为：

1 浅绿色

2 绿色

3 深绿色

4 浅红色

5 红色

6 橙红色

| 1 | 2 | 3 | 4 | 5 | 6 |

图3-29　果皮颜色

4. 果肩形状　在果实成熟期，选择生长健壮的植株，采用目测方法，选择外围结果枝中部所结果实，对其果肩进行观察比较，观察比较果实30个，根据大多数果实的果肩形状，参照果肩形状模式图，确定果肩形状（图3-30）。果肩形状分为：

1 心形

2 平圆

3 圆形

| 1 | 2 | 3 |

图3-30　果肩形状

5. 果肩棱纹　是指软枣猕猴桃果实成熟期，果肩部着生的沿果柄基部放射状分布的纵向条纹。在果实成熟期，选择生长健壮的植株，采用目测方法，选择外围结果枝中部所结果实，对其果肩进行观察比较，调查果实30个，根据大多数果实的果肩形态，确定果肩棱纹类型（图3-31）。果肩棱纹类型：

　　1 无

　　2 有

图3-31　果肩棱纹类型

　　6. 果顶形状　果实成熟期果实顶部的形状。在果实成熟期，选择生长健壮的植株，采用目测方法，选择外围结果枝中部所结果实，对其果顶进行观察比较，观察比较果实30个，根据大多数果实顶部的形状，参照果顶形状模式图，确定果顶形状（图3-32）。果顶形状分为：

　　1 凹陷（果顶的中间部位向下洼陷）

　　2 平（果顶的中间部位与周边一致）

　　3 凸起（果顶的中间部位向外凸起）

　　　　　　1　　　　　　　　　　2　　　　　　　　　　3

图3-32　果顶形状

　　7. 果喙形状　果实成熟期果实顶端果喙的形状。在果实成熟期，选择生长健壮的植株，采用目测方法，选择外围结果枝中部所结果实，对其果喙进行观察比较，观察比较果实30个，根据大多数果实顶部果喙的形状，参照果喙形状的模式图，确定种质果喙形状（图3-33）。果喙形状分为：

　　1 短钝凸

　　2 长钝凸

3短尖凸

4长尖凸

图3-33　果喙形状

8. 果肉颜色　果实成熟期，取充分成熟的果实，用刀切开果实，采用目测法，对果肉颜色进行观察，共观察30个果实，根据最大相似原则，确定果肉的颜色（图3-34）。果肉颜色分为：

1绿白色

2浅绿色

3绿色

4黄绿色

5橙色

6红色

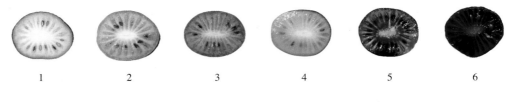

图3-34　果肉颜色

9. 果心大小　果实成熟期，取充分成熟的果实，用刀将果实纵切，采用游标卡尺，对果心直径与果实的横径进行测量，测量30个果实，根据果心横断面直径与果实横径的比值，确定种质果心的大小（图3-35）。

1小（果心横断面直径与果实赤道部横断面直径的比值<1/3）

2中（果心横断面直径与果实赤道部横断面直径的比值为1/3 ～ 1/2）

3大（果心横断面直径与果实赤道部横断

图3-35　果心大小

面直径的比值＞1/2)

　　10. **果心颜色**　果实成熟期，取充分成熟的果实，用刀将果实纵切或横切，对果心的颜色进行观察，共观察30个果实，根据大多数果实果心的色泽情况，确定果心颜色（图3-36）。果心颜色分为：

　　1 绿白色

　　2 橙色

　　3 红色

1　　　　　　　　　2　　　　　　　　　3

图3-36　果心颜色

　　11. **果心横截面形状**　果实成熟期，取充分成熟的果实，用刀将果实横切，采用目测方法，对果心横截面形状进行观测比较，共观测30个果实，参照果心横截面模式图，确定种质果心的横截面形状（图3-37）。果心横截面形状分为：

　　1 圆形

　　2 椭圆形

　　3 长椭圆形

1　　　　　　　　　2　　　　　　　　　3

图3-37　果心横截面形状

　　12. **种子形状**　从经过后熟的果实中，选择发育正常的30个果实，随机从每个果实中抽取5粒种子，观察种子形状，按最大相似原则，将种子形状（图3-38）分为：

　　1 圆形

2 椭圆形

3 卵圆形

4 长卵圆形

5 长椭圆形

6 楔形

7 半圆形

图3-38　种子形状

13.**种子颜色**　从经过后熟的果实中，选择发育正常的30个果实，随机从每个果实中抽取5粒种子，采用目测法，对种子的色泽进行观察，根据最大相似原则，确定种子颜色（图3-39）。种子颜色分为：

1 黄褐色

2 褐色

3 黑褐色

图3-39　种子颜色

六、抗逆性的遗传多样性

1.**抗寒性鉴定**　采用TTC染色图像可视化评估配合Logistic方程方法鉴定软枣猕猴桃休眠期枝条的抗寒性。方法如下（以魁绿和10-1-7为例）：

冬季从田间采集长势和粗度相对一致且健康成熟的一年生休眠枝条，带回实验室，剪成20cm长的小段，装于自封袋中，置于－15℃冰箱中贮藏。随后使用高低温交变试验箱对枝条进行低温处理，处理温度分别为－20℃、－25℃、－30℃、－35℃、－40℃、－45℃和－50℃，处理温度按4.0℃/h的速度降温，至设定温度后保持12h，再按4.0℃/h的速度升至20℃后，取出静置4h。去除芽座，然后从各处理枝条上剪取0.5cm小段，每份试材取10段，放入10mL 0.5% 2,3,5-氯化三苯基四氮唑（TTC）染液中，于30℃恒温培养箱中避光染色4d后取出，并用锋利的手术刀片将枝段纵切，蒸馏水冲洗3次，滤纸吸干水分；放入连有WinRHIZO™图像分析软件的LA2400扫描仪中对枝段纵切面进行扫描

（图3-40）；利用图像分析软件计算纵切面TTC染色面积。

根据纵切面TTC染色面积计算纵切面相对染色面积，计算公式如下：

$$纵切面相对染色面积 = \frac{纵切面TTC染色面积}{纵切面总面积}$$

经不同低温处理后相对染色面积与冷冻温度呈典型的S形曲线（图3-41），因此利用非线性回归分析结合Logistic方程拟合温度拐点，确定低温半致死温度（LT_{50}）。LT_{50}值可用来反映植物的抗寒性。

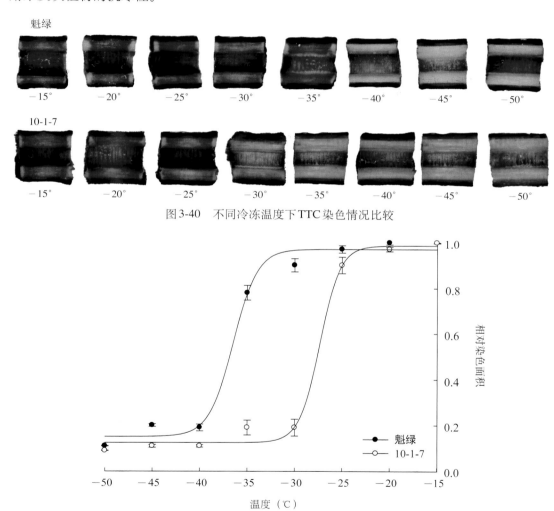

图3-40　不同冷冻温度下TTC染色情况比较

图3-41　相对染色面积与冷冻低温曲线关系

根据LT_{50}值可将软枣猕猴桃抗寒性分为5个区，即：

耐寒1区：$LT_{50} < -40℃$

耐寒2区：$-40℃ \leqslant LT_{50} < -35℃$

耐寒3区：$-35℃ \leqslant LT_{50} < -30℃$

耐寒4区：$-30℃ \leqslant LT_{50} < -25℃$

耐寒5区：$LT_{50} \geqslant -25℃$

2.细菌性溃疡病抗性鉴定 猕猴桃溃疡病是由丁香假单胞杆菌猕猴桃致病变种 *Pseuomonas syringae* pv.*actinidae* 引起的严重的细菌性病害。病原菌主要从气孔、皮孔及伤口等孔口侵入，危害树干、枝条、叶片及花，在枝干上表现更为明显。

取软枣猕猴桃种质资源健康、生长势中庸且均匀一致的半木质化枝条15个，依次用蒸馏水和无菌水洗净。将洗净的枝条剪成约15cm长，用无菌解剖刀横切一个小口深至木质部，滴加20μL菌液（菌液浓度均为10^8cfu/mL）后覆湿润的无菌棉保湿。接菌后的枝条放入有湿润无菌滤纸的无菌培养皿中，在（18±1）℃的培养箱中光暗交替连续培养，定期观察。接种21d后，调查发病情况，刮除枝条感病部位的表皮，测量半木质化枝条感病长度。

溃疡病抗性分级为：

0级 枝条上基本无明显表现症状

1级 韧皮部仅在接种处变褐色，枝条发病长度小于1cm

3级 枝条皮层组织变软，韧皮部变褐，枝条发病长度在1～3cm（包括1cm）

5级 接种部位或皮孔向外溢出少量乳白色黏液，木质部变成褐色，枝条发病长度在3～5cm（包括3cm）

7级 韧皮部腐烂，枝条发病长度在5cm以上（包括5cm）

图3-42中列出了猕猴桃溃疡病抗性评价表型变化的几个典型级次。

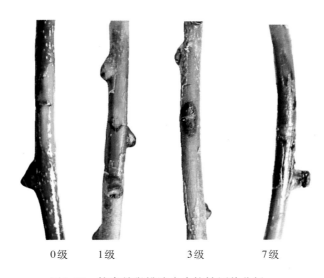

　0级　　1级　　　　3级　　　　7级

图3-42 软枣猕猴桃溃疡病抗性评价分级

根据枝条发病级数统计结果计算溃疡病病情指数，计算公式如下：

$$病情指数 = \frac{\sum（病枝数 \times 病级）}{调查总枝数 \times 最高病级} \times 100$$

通过病情指数确定抗性评价标准为：

1　高抗（HR）：病情指数 $\leqslant$ 10

2　抗病（R）：10 < 病情指数 $\leqslant$ 30

3　中抗（MR）：30 < 病情指数 $\leqslant$ 50

4　感病（S）：50 < 病情指数 $\leqslant$ 70

5　高感（HS）：70 < 病情指数

第四章 软枣猕猴桃种质资源的保存方法

我国遗传资源工作方针将遗传资源工作的整体路线清楚地定义为"广泛收集，妥善保存，深入研究，积极创新，充分利用"（刘旭，1998），其中种质资源的妥善保存是衔接种质资源广泛收集与研究、创新、利用的重要环节，是种质资源评价及高效利用的基础。依保存的环境不同，植物种质资源保存可分为原生境保护和非原生境保护（保存）。原生境保护（in situ conservation）是指在原生存环境中保护物种的群体及其所处的生态系统。非原生境保护（ex situ conservation）是把生物体从原生存环境转移到具有不同条件的设施中保存，包括通过低温种质库、种质圃、试管苗库、超低温库等途径进行的种质资源保存。

软枣猕猴桃具有分布范围广、种质资源遗传多样性丰富等特点，在广泛收集软枣猕猴桃种质资源的基础上，完善软枣猕猴桃保存技术环节，加强种质资源保护工作，是进一步深入研究软枣猕猴桃种质资源和开展种质创新、品种选育的重要保障。目前，软枣猕猴桃种质资源保存主要有原生境保护、种质资源圃保存及种质资源超低温保存等方式。

一、软枣猕猴桃种质资源的原生境保护

软枣猕猴桃种质资源的原生境保护可分为利用自然保护区及建立原生境保护点两种方式。在我国软枣猕猴桃分布区域内设立了众多不同级次的以自然生态系统及生物多样性为保护目标的自然保护区（图4-1、图4-2），这些保护区的设立在客观上保护了软枣猕猴桃种质资源的生态环境并使物种的种群免受破坏，对软枣猕猴桃野生资源自然生长、遗传多样性保持具有重要作用。在软枣猕猴桃的集中分布区建立野生软枣猕猴桃原生境保护点可以更有针对性地开展软枣猕猴桃野生资源保护。目前，吉林、天津、河北、陕西、云南等省份均建立了以保护软枣猕猴桃为主的原生境保护点（郑小明，2019；杨庆文，2013）。

图4-1　长白山国家自然保护区内的软枣猕猴桃资源

图4-2　河北老岭（祖山）自然保护区内的软枣猕猴桃资源

二、软枣猕猴桃种质资源的资源圃保存

资源圃保存（图4-3、图4-4）是指通过建立田间设施，以植株的方式保存无性繁殖及多年生作物种质资源的方式，是软枣猕猴桃种质资源保存的主要方式。软枣猕猴桃种

质资源的资源圃保存可采用宽顶篱架、单干双蔓树形的栽培模式，株行距（2.0～3.0）m×（3.5～4.0）m，每份资源保存3～6株，在确保资源保存安全性和资源评价科学性的基础上，尽量节约资源保存的占地面积。

图4-3　软枣猕猴桃种质资源的资源圃保存

图4-4　资源圃保存的40年株龄软枣猕猴桃种质资源

三、软枣猕猴桃种质资源的离体库保存

离体库保存是保存离体种质材料的方法，一般有两种保存方式。一种为试管苗库保存，主要设施通常由培养室（保存室）、操作室、预备室等组成，通过试管苗缓慢生长

（温度控制在20℃以下）实现种质资源的离体保存；另一种为超低温库保存（图4-5），主要设施是液氮罐，指在液氮液相（-196℃）或液氮雾相（-150℃）中对生物器官、组织或细胞等种质材料进行长期保存。离体库保存可作为原生境保存及圃地保存的备份，以避免因自然灾害等不可抗因素给种质资源造成的毁灭性损失。

　　软枣猕猴桃种质资源可采用茎尖小滴玻璃化法超低温保存（图4-6）。无菌条件下剥取2～3mm的软枣猕猴桃种质茎尖，放入含0.3mol/L蔗糖的MS预培养液中振荡培养2d，常温下用装载液处理40min，0℃条件下PVS2脱水40～60min。将茎尖转入铝箔条上的PVS2液滴中，直接投入液氮保存。当种质资源需要复活时，从液氮中取出后立即加入40℃预热的卸载液，待铝箔条上的液滴脱落后换新鲜卸载液洗涤30min。将茎尖用无菌滤纸吸干后接种到恢复培养基上，暗培养3d后转到光下培养，使茎尖恢复生长（白小雪等，2020）。

图4-5　超低温库

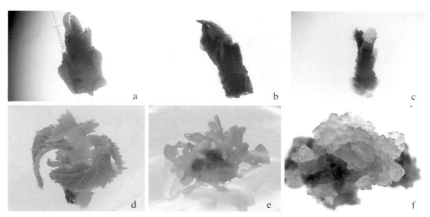

图4-6　小滴玻璃化法超低温保存软枣猕猴桃茎尖

a.剥取的茎尖　b.保存后茎尖褐化死亡　c.保存后茎尖成活　d.保存后茎尖发育成小植株

e.保存后茎尖发育成叶片　f.保存后茎尖发育成愈伤组织

（白小雪供图）

第五章 软枣猕猴桃种质资源的繁殖更新技术

繁殖更新是软枣猕猴桃种质资源保护和利用工作的重要组成部分，科学、规范及高效的繁殖更新技术是保证软枣猕猴桃种质资源长期保存和遗传完整性的前提和基础。软枣猕猴桃的繁殖更新方法主要有：扦插繁殖、压条繁殖、组织培养及嫁接繁殖等。

一、绿枝扦插

绿枝扦插（图5-1）是软枣猕猴桃种质资源繁殖的主要方法，具有易于操作、成活率高等优点。常采用露地作育苗床进行扦插，苗床宽1.2m、高20cm，基质采用疏松肥沃的农田土或森林腐殖土即可。

1. **扦插时间** 6月中、下旬，新梢达到半木质化时进行。

2. **扦插方法** 选择种质纯正可靠的单株作母株，剪取充实的半木质化新梢作繁殖材料，插穗剪留长度为15～18cm，插穗下端剪成45°斜角，上切口在芽眼上部1.5cm处剪断，剪口要平滑，插条只留1片叶或将叶片剪去一半，用1 000～2 000mg/L的萘乙酸浸泡3～5min，按行株距20cm×10cm斜插入苗床中，入土的深度以插条上部的芽眼距床面1.5cm左右为宜。插后立即对床面浇一次透水，并在苗床上设置小拱棚，以保持土壤和叶面湿润。

3. **扦插后的管理** 搭设遮阴棚，透光率在60%左右；扦插后25d内，小拱棚内相对湿度要保持在90%以上，并保持土壤湿润；白天最高温度不超过30℃，夜间最低温度不低于10℃。扦插20d左右，插穗可生出不定根（图5-2），并萌发副梢。随着副梢萌发和生长，扦插后40d左右可经过3～5d的炼苗过程，逐渐去除小拱棚及遮阴网，使扦插苗在露地条件下正常生长。生长期内可根据苗木生长状况结合浇水交替喷施0.3%的尿素或磷酸二氢钾3～5次。起苗在11月上旬进行。将扦插苗分级，沙藏。

图5-3示软枣猕猴桃扦插成活状。

图5-1　软枣猕猴桃绿枝扦插

图5-2　软枣猕猴桃绿枝扦插生根

图5-3　软枣猕猴桃绿枝扦插成活状

二、压条繁殖

压条繁殖是果树无性繁殖的古老方法之一，其特点是将一部分不脱离母株的枝条压入土壤中，使枝条生根繁殖出新的个体，其优点是苗木生长期养分充足，容易成活，生长壮，结果期早。

压条繁殖（图5-4）多在春季萌芽后，新梢长至10cm左右时进行。在准备压条的母株旁挖15～20cm深的沟，将一年生成熟枝条用木杈固定压于沟中，先填入约5cm厚的土，当新梢长度长至20cm以上时，再培土与地面齐平。秋季将压下的枝条挖出并分割成各自带根的苗木（图5-5）。由于繁殖方法简单，可就地繁殖（图5-6），是资源圃保存种质资源快速更新的常用方法。

图5-4　软枣猕猴桃压条繁殖

图5-5　软枣猕猴桃压条繁殖生根

图5-6　软枣猕猴桃压条繁殖成苗

三、组织培养

植物的组织培养（简称组培）作为一种高效的无性繁殖技术手段，在农业、林业、园艺、中药材等生产领域得到广泛的应用，显示出巨大的优越性。根据培养材料的来源及特性，可以将植物组织培养分为胚胎培养、器官培养、愈伤组织培养、细胞培养等。在生产中可以根据实际需要，采用相应的组织培养方法，解决品种改良、快速繁殖、消除作物病毒、种质资源保存等方面的问题。植物组织培养是当今应用最多、最有成效和最成熟的一项生物技术。新选育的单株或新引进的良种，利用组织培养，可在短期内提供大量的苗木，以满足生产上的需要。

1. **外植体的取得和处理**　取软枣猕猴桃种质资源的腋芽作为组织培养的材料。剪取2cm长的单芽茎段，用水冲洗10min，75%的酒精消毒20秒，无菌水冲洗4～5次，之后用0.1%升汞消毒8min，用无菌水冲洗4～5次，经无菌滤纸上吸干水分后，接种于已灭菌的培养基上。

2. **芽的诱导**　诱导培养基采用MS + 2mg/L 6-BA + 0.02mg/L NAA + 30g/L蔗糖 + 5g/L琼脂，pH为5.8，保持温度18～22℃，光照10h，光照强度800～1 200lx，经30d后可以形成芽丛。

3. **继代培养**　将诱导出的芽丛切成多个小芽丛，接种到上述诱导培养基中，pH为5.8，培养条件为温度18～22℃，光照10h，光照强度800～1 200lx。

4. **生根培养**　将大于2cm的芽丛枝转接于生根培养基上，生根培养基为：1/2MS + 0.2mg/L IBA + 15g/L蔗糖 + 5g/L琼脂，pH为5.8，保持温度18～22℃，光照12h，光照强度2 000lx，经15～20d可生根。

5. **炼苗及移栽**　将已生根的小植株开瓶炼苗（图5-7）2～3天，再移入已装有草炭：田园土：珍珠岩（5：2：1）的营养钵里，4～5周后可移栽入苗圃地（图5-8、图5-9）。

图5-7　软枣猕猴桃组培苗炼苗

图5-8　软枣猕猴桃组培苗移栽

图5-9　软枣猕猴桃组培育苗的苗圃地生长状

四、硬枝嫁接

硬枝嫁接方法主要是在1～2年生砧木苗上于春季进行斜切接繁殖。软枣猕猴桃髓部较大且有空心，硬枝嫁接成活较困难，但采用春季斜切接的方法效果较好，且生长期长，可以当年出圃。

采用春季斜切接，要选取种质纯正可靠健壮单株的一年生枝条做接穗。首先在接穗芽的下方1～2cm处两侧对称各斜削一刀，形成楔形削面，随后在芽的上方1.0cm处横切一刀，切断接穗。砧木可采用软枣猕猴桃无病健康的实生苗，粗度0.6cm以上为宜。在根部上方10cm左右处，选择圆直光滑的部位与砧木成30°角斜切一嫁接口，深度与接穗削面等长，在接口上与砧木成45°角切断砧木；然后在嫁接口处将接穗插入，使接穗与砧木的形成层对齐，并要注意接穗削面稍高出砧木嫁接口0.1cm左右，然后用塑料薄膜包严扎紧。

嫁接后要加强萌蘖的管理，及时去除萌蘖，保证接穗成活（图5-10）。

图5-10 软枣猕猴桃硬枝嫁接成活状

第六章 软枣猕猴桃的主要栽培模式

软枣猕猴桃为木质藤本植物，在自然条件下常攀附于其他树木向上生长，以获得生长空间及光照条件。人工栽培的软枣猕猴桃必须通过设置人工支架来满足其生长的需要，并通过整形修剪使软枣猕猴桃枝蔓合理分布于架面上，充分利用空间和光照条件，使其保持旺盛生长和较强的结实能力，并使果实达到应有的大小和风味品质。不同树龄的软枣猕猴桃，有不同的生长发育特点，必须依据其生长发育规律，进行合理的整形修剪，才能充分发挥其结果能力，达到高产、高效的目标。

一、栽培架式

1.**平棚架** 平棚架（图6-1）为软枣猕猴桃的主要栽培架式，行距4.0～6.0m，架高1.8～2.0m，行内每隔6.0m设一架柱，架柱全长2.4～2.6m（水泥架柱截面10～12cm见方），入土0.6m。为了稳定整个棚架，保持架面水平，提高其负载能力，边柱长为

图6-1 软枣猕猴桃平棚架

3 ～ 3.5m，向外倾斜埋入土中，然后用牵引锚石（或制作的水泥地桩）固定。在架柱上牵拉8号铁丝（直径4.06mm）或高强度的防锈铁丝。棚架四周的架柱用较粗的周围拉线相连，然后在粗线上每隔一定距离牵拉一道铁丝（距离可调，一般为60cm），形成正方形网格，构成一个平顶棚架。架柱也可以采用镀锌钢管等材料。利用平棚架栽培软枣猕猴桃的株行距一般采用（2.0 ～ 3.0）m×（4.0 ～ 6.0）m。

平棚架的主要优点是，架面大，通风透光条件好，能够充分发挥软枣猕猴桃的生长能力，产量高，果实品质好（图6-2、图6-3）。

图6-2　软枣猕猴桃平棚架植株生长状况

图6-3　软枣猕猴桃平棚架结果状

2.宽顶篱架　宽顶篱架又称T形架，行距3.5 ～ 4.0m，架高1.8 ～ 2.0m，行内每隔6.0m设一架柱，每个架柱的顶部加一根与行向垂直，长1.5 ～ 2.0m的横梁。架柱全长

2.6～2.8m(架柱粗度与平棚架相同)，入土60～80cm，每行两端的架柱用牵引锚石固定。在支架横梁上牵拉5道12号高强度防锈铁丝，构成一个形似T形的篱架。宽顶篱架的株行距一般为（2～3）m×（3.5～4）m。

宽顶篱架是一种比较理想的架式，目前被广泛采用（图6-4、图6-5）。其主要特点是建架容易，投资较少，可集约密植栽培，便于整形修剪以及采收等田间管理。其缺点是抗风能力差，在强风较少的缓坡地软枣猕猴桃园适宜采用这种架式（艾军，2014）。

图6-4　软枣猕猴桃宽顶篱架及植株生长状况

图6-5　软枣猕猴桃宽顶篱架结果状

二、主要树形结构及整形方式

1. 宽顶篱架单干双蔓树形

（1）基本结构　单干双蔓树形（图6-6），又称T形树形，该树形具有一个直立主干，主干上着生两个主蔓，延相反方向顺行向绑缚形成双臂，干高1.7～1.8m。在两条主蔓上单侧每隔40～50cm培养1个侧蔓（结果枝组），侧蔓的引缚方向与主蔓垂直，形成类似羽毛状的着生样式。该树形对于平棚架及宽顶篱架均适宜。

（2）整形方式　苗木定植后第一年选择主干，新梢超过架面10cm时，在主干高1.7～1.8m处对其进行摘心，促进新梢健壮生长，芽体饱满。摘心后常常在主干的顶端抽发3～4条新梢，可从中选择两条生长健壮的新梢作主蔓，其余的疏除。当主蔓长到40cm时，绑缚于中心铁丝上，使两条主蔓在架面上呈水平分布。在主蔓上每隔40～50cm选留一侧蔓（结果母枝），在侧蔓上每隔30cm选留一结果枝。对于宽顶篱架，当侧蔓的生长超过横梁最外一道铁丝时，也任其自然下垂生长。一般经过4～5年的时间可基本完成整形任务。

图6-6　软枣猕猴桃单干双蔓树形

2. 平棚架独龙干树形

（1）基本结构　独龙干树形（图6-7）适于平棚架栽培。每株树即为一条龙干，龙干垂直高度1.7～1.8m，水平架面上的主蔓长度3～6m，与行向垂直分布。主蔓上单侧每隔40～50cm培养1个侧蔓（结果枝组），侧蔓的引缚方向与主蔓垂直，形成类似羽毛状的着生样式。

（2）整形方式　苗木定植后第一年选择主干，新梢超过架面10cm时，在主干高1.7～1.8m处对主干进行摘心，促进新梢健壮生长，芽体饱满。摘心后常常在主干的顶端抽发3～4条新梢，可从中选择1条生长健壮的新梢作主蔓，其余的疏除。使主蔓沿垂直于行向的方向向前生长，在长春地区8月中下旬摘心，促进枝条成熟。冬剪时在主蔓粗度达到0.8cm的位置剪断，如未达到主蔓的生长长度第二年可继续使延长梢向前生长。在主蔓上每隔40～50cm选留一侧蔓（结果母枝），在侧蔓上每隔30cm选留一结果枝。一般经过4～5年的时间可基本完成整形任务。

图6-7　软枣猕猴桃独龙干树形

第七章 软枣猕猴桃主要病虫害及防治

病虫害是影响软枣猕猴桃种质资源安全保存及遗传特性稳定表达的主要因素，加强相关病虫害发生规律的研究，科学防治软枣猕猴桃病虫害，对于软枣猕猴桃种质资源的安全保存及高效利用具有重要意义。软枣猕猴桃的病害主要包括软枣猕猴桃茎基腐病、炭疽病等侵染性病害及日灼、霜冻、药害等非侵染性病害。虫害主要包括灰匙同蝽、葡萄肖叶甲、二斑叶螨、离子瘿螨、康氏粉蚧、大青叶蝉等。

一、主要侵染性病害

1. **茎基腐病**　茎基腐病（图7-1、图7-2、图7-3）是目前对软枣猕猴桃危害最严重的病害，主要危害软枣猕猴桃主蔓基部，导致植株基部腐烂、茎皮脱落，最终整株枯死，是一种毁灭性的病害。严重影响软枣猕猴桃产业的健康发展。可造成植株死亡或树势衰弱。

（1）症状　病害从茎基部或根茎交接处开始，发病初期叶片萎蔫下垂似缺水状，但不能恢复，叶片逐渐干枯，最后地上部全部枯死。发病初期剥开茎基部皮层可发现有少许黄褐色，后期病部皮层腐烂变深褐色，极易脱落。病部纵切剖视，维管束变黑褐色。湿度大时，可在病部见到粉红色或白色霉层。

（2）病原　经鉴定，该病由半知菌亚门的镰孢菌（*Fusarium* sp.）、拟茎点霉菌（*Phomopsis* sp.）和球壳孢菌（*Macrophomina* sp.）等多种真菌引起。

（3）发病规律　病害易发生在定植一、二年的树上，当年11月至翌年4月开始出现症状，11月和翌年3、4月发病较集中。一般不直接造成根部腐烂，发病后如将地上部病蔓及时剪去，基部可重新萌发出新的粗壮枝条。不同资源间发病存在明显差异。定植当年冬季和第二年春季的小树最易发病，冬季遇极端低温会加重发病；地势低洼、土壤黏重地块发病重。

（4）防治技术

①选择抗病性强的品种；避开土壤黏重、地势低洼的地块，选择排灌便利的坡地或平地建园；下雨后及时排水，避免田间积水；秋季落叶后至上冻前，进行树干涂白或根

颈部位埋土防寒。

②在未发病区域，使用50％多菌灵可湿性粉剂1 000倍液+30％精甲霜灵·噁霉灵水剂2 000倍液在健康植株茎基部浇灌，可起到预防效果。

③在发病区域，使用50％多菌灵可湿性粉剂500倍液+30％精甲霜灵·噁霉灵水剂1 000倍液，在受害植株茎基部浇灌，使药液顺着植株进入根部及周围土壤中。或用锋利刀片对病部每隔1.0cm左右进行纵割，以上述药剂涂抹于病部。及时观察防治效果（图7-4），可于施药后7～10d酌情再次施药1次。

④及时去除病株，并将病株带出园外，清除病源。

图7-1　软枣猕猴桃茎基腐病植株感病状（外表浸润状）

图7-2　软枣猕猴桃茎基腐病感病皮层脱落

图7-3　软枣猕猴桃茎基腐病植株感病叶片萎蔫

图7-4　软枣猕猴桃茎基腐病植株药剂防治效果

2.炭疽病　炭疽病是软枣猕猴桃较严重的病害（图7-5、图7-6），可造成叶片干枯、脱落及果实腐烂。

（1）症状　叶片感病后，一般从叶缘开始出现症状，叶缘略向叶背卷缩，初呈水渍状，后变为褐色不规则形病斑，病健交界明显。后期病斑中间变为灰白色，边缘深褐色。有的病斑中间破裂成孔，受害叶片边缘卷曲，干燥时易破裂，病斑正面散生许多小黑点，黑点周边发黄，潮湿多雨时叶片腐烂、脱落。果实发病初期，绿色果面出现针头大小的淡褐色小斑点，圆形，边缘清晰。随后病斑逐渐扩大，变为褐色或深褐色，表面略凹陷。当病斑直径达到 1～2cm 时，病斑中心开始出现稍隆起的小粒点（分生孢子盘）（图7-7），常呈同心轮纹状排列，粒点初为浅褐色，后变为黑色，并且很快突破表皮，如遇降雨或天气潮湿，则溢出粉红色黏液（分生孢子团）。病果上病斑数目不等，少则几个，多则几十个，甚至上百个，但多数不扩展而成为小干斑，直径 1～2mm，稍凹陷，呈褐色或暗褐色；少数病斑扩大，有的可扩大到整个果面的 1/3～1/2，病斑可连接成片而导致全果腐烂。烂果失水后干缩成僵果，脱落或挂在树上。

（2）病原　主要致病菌为胶孢炭疽菌（*Colletotrichum gloeosporioides*）、隐秘炭疽菌（*Colletotrichum aenigma*）。

（3）发病规律　高温高湿多雨是炭疽病发生和流行的主要条件。炭疽病菌在 26℃条件下，5h 即可完成侵染过程；在 30℃时病斑扩展最快，3～4d 即可产生分生孢子；在 15～20℃时，病斑上产生分生孢子的时间延迟；在 10℃时，病斑停止扩展。

（4）防治方法

①新建园远离刺槐林、核桃园，也不宜混栽其他的炭疽菌寄主植物；合理密植，规范整枝修剪，及时中耕锄草，改善果园通风透光条件，降低果园湿度。

②合理施用氮磷钾肥，增施有机肥，注意排水，避免雨季积水。

③以中心病株为重点，结合清园和冬季修剪、病果，剪除干枯枝和病虫枝，集中深埋或烧毁。

图7-5　软枣猕猴桃炭疽病叶片受害状

④7月初，果园初次出现炭疽病菌孢子3～5d内开始喷药，以后每10～15d喷1次，连喷3～5次，药剂可选30%苯醚甲环唑悬浮剂、波尔多液（1：0.5：200）、50%甲基硫菌灵可湿性粉剂800～1000倍液、65%代森锰锌可湿性粉剂500倍液等。注意交替用药，避免病菌产生抗药性。

图7-6　软枣猕猴桃炭疽病果实受害状

图7-7　软枣猕猴桃炭疽病果实病斑上的孢子盘

二、主要虫害

1. **灰匙同蝽**　灰匙同蝽[*Elasmucha grisea*（Linnaeus）]属于半翅目同蝽科，为软枣猕猴桃的主要虫害。通常聚集在软枣猕猴桃的花序、幼果及嫩枝处取食，有时发生数量极大，严重影响果实品质及植株生长。

（1）危害状　灰匙同蝽具有刺吸式口器，汲取软枣猕猴桃果实（图7-8、图7-9）、嫩叶与嫩枝的汁液。叶片受害后出现失绿黄斑，幼果受害后局部细胞组织停止生长，形成干枯疤痕斑点，造成果实发育不正常，果实畸形。果肉被害处后期木栓化，变硬，导致品质下降不耐贮藏，果实受害严重时提前脱落。

（2）形态特征　成虫：体长6.5～8.5mm，前胸背板宽3.7～4.5mm。椭圆形，灰棕或浅红棕色，具明显粗黑刻点（图7-10、图7-11）。头顶具黑色粗密刻点。触角黄褐色，第五节端部棕黑。复眼棕红，单眼红色。喙淡褐色。末端棕黑，伸达中、后足基节之间。前胸背板近梯形，其后部中央明显隆起，前角无显著横齿，侧缘几斜直，侧角钝圆，稍突出，棕红色。小盾片三角形，基角黄褐色，略光滑，中区有1宽弧形斑纹，此斑向基部颜色渐淡，界限不清，向端部界限较明显，端角淡黄色。前翅稍超过腹端，革片基部色淡，有较细密的刻点，端缘浅棕色。前翅膜片色淡、半透明。中胸隆脊显著片状，其前端钝圆，下缘几平直，后端不达中足基节之间。侧缘具黑色和白色相间的狭边。臭腺孔缘匙形。腹部背面棕色，末端通常棕红色。侧接缘各节具黑色横带，各节后角呈小齿状，

图7-8　灰匙同蝽危害幼果状

图7-9　灰匙同蝽危害软枣猕猴桃果实状

黑色。腹部腹面几无刻点或仅有细小的浅色斑点，腹侧有斜刻纹。气门黑色。雄虫生殖节后缘中央有一束长缘毛，其背侧角各有1亚三角形绒毛区。

图7-10　灰匙同蝽成虫

图7-11　灰匙同蝽成虫的护幼行为

（3）发生规律　吉林地区一年发生1～2代，以成虫聚集在树皮缝隙等温暖处越冬。在春天时进行交配。较小的雄虫先死亡，而雌虫经常是附在卵和幼虫上面进行保护，一段时间后才死去。主要危害软枣猕猴桃的果实和叶片。开始发现第一代成虫基本在8月份。

（4）防治方法

①农业防治。冬季结合积肥清除枯枝、落叶，铲除杂草，及时堆沤或焚烧，可消灭部分越冬成虫，春、夏季节特别要注意除去园内或四周的寄主植物，以减少转移为害。

②人工捕杀。可利用灰匙同蝽的生活习性采取相应措施予以杀灭。如利用其假死性，于出蛰上树初期摇落或在早晨逐株、逐片打落杀死。越冬前在越冬场所附近大量群

集的可集中捕杀，或在树干上束草，诱集前来越冬的害虫，然后烧杀。也可人工抹杀叶背卵块。

③药剂防治。5月底以后可在果园悬挂驱避剂驱赶灰匙同蟓。在若虫盛发期用4.5%高效氯氟氰菊酯水乳剂2 500倍液，或10%氯氰菊酯乳油1 500倍液均匀喷雾。

2. 葡萄肖叶甲　葡萄肖叶甲 [*Bromius obscurus*（Linnaeus）] 属鞘翅目叶甲总科肖叶甲科葡萄肖叶甲属，主要寄主为葡萄，在软枣猕猴桃上危害也较严重。

（1）危害状　葡萄肖叶甲主要以幼虫和成虫危害软枣猕猴桃（图7-12）。成虫（图7-13）主要群集在叶背面或果实表面取食，被其取食过的叶片有许多长条形孔斑，被危害的果实表面则形成若干条状疤痕，降低果实的品质。幼虫生活于土中，只食害植物根部，取食毛细根和主根的表皮，导致根系减少和根系吸收功能下降，根系受损和叶片光合面积的减少造成植株衰弱。

图7-12　葡萄肖叶甲对软枣猕猴桃果实危害状　　　　图7-13　葡萄肖叶甲成虫

（2）形态特征　成虫体短粗，椭圆形；身体一般完全黑色，具色型变异；体背密被白色平卧毛。触角1～4节棕黄或棕红，有时第一节大部分黑褐色。头部刻点粗密，在头顶处密集呈皱纹状，中央有一条明显的纵沟纹；唇基两侧常各具一条向前斜伸的边框，端部较宽于基部，前缘弧形，表面布有大而深的刻点。触角丝状，近于体长之半；第一节膨大，椭圆形，第二节稍粗于第三节，二者约等长，短于第四节和第五节，1～4节较光亮，末端5节稍粗，色暗，毛被密。前胸柱形，宽稍大于长，两侧圆形，无侧边，背板后缘中部向后凸出；盘区密布大而深的刻点，呈皱纹状，被较密的白色卧毛。小盾片略呈长方形，刻点细密，被白毛。鞘翅基部明显宽于前胸，基部不明显隆起；盘区刻点细密，较前胸刻点浅，不规则排列，被较长的白色卧毛。前胸前侧片前缘稍凸。前胸腹板方形，横宽；中胸腹板宽短，方形，后缘平切。足粗壮，腿节无齿。体长4.5～6mm，体宽2.6～3.5mm。

（3）发生规律与生活习性 葡萄肖叶甲在吉林省一年1代，以成虫和不同龄幼虫在软枣猕猴桃根附近土中越冬。成虫4月中旬出蛰，5月中旬陆续出土危害软枣猕猴桃。成虫出土或羽化后取食1～2周，补充营养，便开始产卵，可延续产卵2个月左右，卵成堆地产在枝蔓翘皮下，极个别产在叶片密接处，一般每年每头成虫产卵20次左右，产卵量总计可达300～500粒，平均每次产卵19粒。7月中旬至8月初达到危害高峰期，之后虫口密度逐渐减少，9月下旬陆续入土。

成虫有假死习性，受惊后即假死落地。成虫不是很活泼，但有一米左右短距离的迅速飞翔迁移力。

（4）综合防治

①利用成虫的假死习性，在成虫发生期将成虫振落杀死。此法用于幼苗上效果明显。

②6月上旬开始，根据危害情况喷施4.5%高效氯氟氰菊酯水乳剂2 500倍液或10%氯氰菊酯乳油1 500倍液进行防治。

③地面撒药。根据葡萄肖叶甲的越冬部位，在春季灌水后可试用辛硫磷等触杀剂撒于畦面，及时松土，以消灭越冬成虫和幼虫。

④地面覆盖园艺地布，可有效阻止葡萄肖叶甲入地越冬或出土。

3. 软枣猕猴桃离子瘿螨 离子瘿螨（*Leipothrix argutae* sp. nov. Han，Wang & Ai）属蜱螨目瘿螨科（Xiao Han，2020），在我国东北野生软枣猕猴桃及栽培软枣猕猴桃中均有危害。

（1）危害状 危害叶片及果实（图7-14、图7-15）。叶片被害后，似缺水状向上微卷，叶背呈烟熏状黄色或锈褐色，容易脱落，影响树势和产量。发生早期，果皮似被一层黄色粉状微尘覆盖，不易察觉，果实被害后，流出油脂，被空气氧化后变成黑褐色或锈褐色，待出现褐色果时，即使杀死虫体，果皮也不会恢复，影响品质，且不耐贮藏。

图7-14 离子瘿螨危害叶片 图7-15 离子瘿螨危害果实

（2）形态特征（图7-16）

雌螨：圆锥形，长270（240～280）μm，宽90（86～95）μm，淡粉红色。雌性外生殖器长17（16～20）μm，宽23（22～24）μm，性毛长15（12～15）μm。

雄螨：体长182～190μm，宽58～62μm，雄性外生殖器宽15～18μm，生殖毛长10～15μm。

冬雌：体长161～182μm，宽73～76μm，外生殖器宽17～18μm，生殖毛长18～20μm。

若螨：体长170～189μm，宽56～65μm，外生殖器缺。

（3）发生规律　一年发生多代。高温干旱利于其发生，喜隐蔽环境，在果实上先在果蒂周围发生，再蔓延到背阴部以至全果。通常在新叶的叶背和果实的下方及阴面虫口密度较大。9—10月气温下降，逐渐向树冠上部、外部的果实和秋梢叶片蔓延发展。7—8月的高温干旱极有利于软枣猕猴桃离子瘿螨的发生和繁衍，种群数量迅速上升，是防治的关键时期。

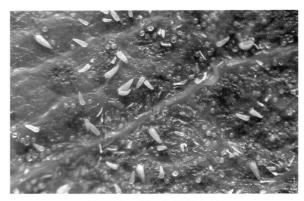

图7-16　离子瘿螨各虫态

（4）防治方法

①冬季、早春清除果园内的残枝落叶，铲除杂草，减少越冬基数。

②春季萌芽前全园喷1次3～5波美度石硫合剂；6月中旬至8月上旬，根据发生情况喷施螺螨酯悬浮剂或汤姆森多毛菌粉。阿维菌素与哒螨灵或三唑锡、联苯肼酯混配防效也较好。

4.康氏粉蚧　康氏粉蚧[*Pseudococcus comstocki*（Kuwana）]属同翅目粉蚧科，在全国均有分布，寄主范围较广，除危害软枣猕猴桃外，还可危害其他多种果树及观赏植物。

（1）危害状　以成虫和若虫吸食嫩芽、嫩叶、嫩梢及果实的汁液（图7-17），造成叶片扭曲、肿胀、皱缩，致使植株枯死。群居在萼洼和梗洼处，分泌白色蜡粉，污染果实，使果实出现大小不等的黑点或黑斑甚至腐烂。若虫分泌黏液，引起果实的煤污病，使果实失去商品价值和食用价值。

（2）形态特征

成虫：雌成虫体扁平，椭圆形，

图7-17　康氏粉蚧及危害状

柔软，淡粉红色，被较厚的白色蜡粉，长5mm，宽3mm左右，椭圆形，体缘具17对白色蜡刺，前端蜡刺短，向后渐长，最末1对最长，约为体长的2/3。雄成虫紫褐色，有透明翅1对，后翅退化成平衡棒，体长约1mm。

卵：椭圆形，浅褐色，长0.3mm。多粒卵集中成块，外覆白色蜡粉层，形成白絮状卵囊（图7-18）。

若虫：黄褐色，形似雌成虫。

蛹：仅雄虫有蛹期。蛹体淡紫色，触角、翅和足外露。

图7-18　康氏粉蚧在软枣猕猴桃翘皮内的卵囊

（3）发生规律　康氏粉蚧在北方地区一年发生2～3代，世代重叠。以卵在卵囊中于软枣猕猴桃枝干粗皮缝、石缝和土块等场所越冬。早春孵化，若虫孵化后即开始取食寄主幼嫩器官，全年发生2～3代。秋后，交尾后的雌成虫爬到枝蔓粗皮缝、土缝等隐蔽处产卵，同时分泌大量的似棉絮状蜡质丝成卵囊袋，卵即产于其中。每个雌成虫可产卵200～400粒。康氏粉蚧喜欢在隐蔽、潮湿处栖息为害。

（4）防治方法

①结合冬季清园，刮除老翘皮，清扫落叶落果，疏除病虫枝蔓并集中烧毁或深埋。

②加强管理，增施优质有机肥，增强树势，提高抗病虫能力；合理修剪，保证树体充分通风透光。

③化学防治的关键时期是1龄若虫期，在若虫分散转移期分泌蜡粉前施药防效最佳，可选用24%螺虫乙酯悬浮液4 000～5 000倍液，喷1～2次，也可选用2.5%溴氰菊酯乳油或2.5%氯氟氰菊酯乳油等药剂适宜浓度进行防治。

5.二斑叶螨　二斑叶螨（*Tetranychus urticae* Koch）属蜱螨目叶螨科。寄主范围非常广泛，可危害各种果树等植物100余种。常于北方的夏季，在多种植物叶片背面大量发生，危害严重。

（1）危害症状　成螨、若螨及幼螨均喜群集于叶背取食（图7-19），用其刺吸式口器汲取植物的汁液，有吐丝结网习性（图7-20）。被害部位呈现黄白色到灰白色失绿小斑点，危害严重时易造成叶片枯黄，早期脱落。

（2）形态特征

成螨：体型椭圆，锈红色、深红色或红色；雌螨体长0.42～0.59mm，雄螨体长0.26mm；体背两侧各有1个深色的斑。体背有22根刚毛，呈5行排列。

卵：球形，0.3mm，光滑，初透明，后橙红色。

幼螨：体近圆形，长0.15mm，红色。

若螨：卵圆形，体长0.21～0.36mm，体色与成虫相似。

图7-21示二斑叶螨成螨及幼螨。

图7-19　二斑叶螨危害软枣猕猴桃叶片

图7-20　二斑叶螨吐丝结网

（3）发生规律　螨类繁殖很快，一年可发生十几代。多以受精雌螨在树干、土壤缝里越冬。翌年日平均气温达7℃以上时开始活动取食，在高温干旱年份和月份发生尤为严重。雌螨多产卵于叶背叶脉两侧或密集的细丝上，每雌螨产卵50～110粒。一般为两性生殖，也可孤雌生殖。喜群居，有吐丝结网习性。因二斑叶螨一年可以发生多代，全年各形态螨可同时存在，世代重叠。高温、低湿是其发育和为害的适宜条件。

图7-21　二斑叶螨成螨及幼螨

（4）防治方法

①清除越冬螨。软枣猕猴桃休眠期，由于二斑叶螨以雌成虫在树皮缝隙及根基部表土里越冬，可通过表土深翻及清除老皮的方法进行物理防治。

②注意利用天敌抑制叶螨的暴发，保护天敌如瓢虫、隐翅甲、草蛉等。局部用药以保护天敌，减少农药的使用量，减轻虫害。

③化学防治。花前是进行药剂防治的最佳施药时期，在发现田间叶片背面有叶螨发生时就开始喷施药剂，可选用0.3～0.5波美度的石硫合剂、20%四螨嗪乳油2 000倍液、10%联苯菊酯乳油6 000～8 000倍液；花后和夏季则可选择5%噻螨酮乳油3 000倍液进行防治。需要轮换使用药剂，可以防止叶螨产生抗药性。

6.**大青叶蝉**　大青叶蝉（*Cicadella viridis* Linnaeus）属同翅目叶蝉科，是软枣猕猴桃幼树常见的秋季害虫。

（1）危害状　此虫在全国各地均有发生，以华北、东北危害较为严重（图7-22）。该虫属多食性害虫，可危害多种作物和果树。成虫（图7-23）和若虫以刺吸式口器危害植物的枝、梢、叶。在软枣猕猴桃幼树上发生尤为严重，可造成枝条、树干大量失水，生长衰弱，甚至枯萎。

（2）形态特征　成虫体长7～10mm，体青绿色，头橙黄色。前胸背板深绿色，前缘黄绿色，前翅蓝绿色，后翅及腹背黑褐色。足3对，善跳跃，腹部两侧、腹面及足均为橙黄色。卵（图7-24）为长卵形，一端略尖，中部稍凹，长1.6mm，初产时乳白色，以后变为淡黄色，常以10粒左右排在一起。若虫初期为黄白色，头大腹小，胸、腹背面看不见条纹，3龄后为黄绿色，并出现翅芽。老龄若虫体长6～7mm。胸腹呈黑褐色，形似成虫，但无发育完整的翅。

图7-22　大青叶蝉危害状

图7-23　大青叶蝉成虫

（3）发生规律　大青叶蝉以卵在枝条或树木表皮下越冬。第二年树木萌动时卵孵化，第一代成虫羽化期为5月上中旬，第二代为6月末至7月中旬，第三代8月中旬至9月中旬，10月中下旬产卵越冬。成虫趋光性强，夏季气温较高的夜晚表现更显著，每晚可诱到数千头。非越冬代成虫产卵于寄主叶背主脉组织中，卵痕如月牙状。若虫孵化多在早晨进行，初孵若虫喜群居在寄主枝叶上，十多个或数十个群居

图7-24　大青叶蝉皮下产卵状

于一片叶上危害，后再分散危害。早晚气温低时，成虫、若虫常潜伏不动，午间气温高时较为活跃。

（4）防治技术

①冬季、早春清除果园内的残枝落叶，铲除杂草，减少越冬基数。

②合理施肥。以有机肥料或有机无机生物肥为主，不过量施用氮肥，以促使树干、当年生枝及时生长成熟，提高树体的抗虫能力。

③9月下旬至10月上旬成虫产卵前对树干和大枝基部用含杀虫剂的生石灰水涂干、喷枝，阻止成虫产卵。另外，在成虫期利用灯光诱杀，可以大量消灭成虫。

④越冬代成虫迁飞到果园时，及时喷70%吡虫啉10 000倍液或2.5%高效氯氟氰菊酯乳油3 000倍液。

三、霜冻及药害

1. 晚霜危害 大面积人工栽培的软枣猕猴桃园，因园地选择、栽培技术或气候条件等因素导致的霜冻伤害对产量影响很大。

（1）症状 东北软枣猕猴桃产区每年都发生不同程度的霜冻危害（图7-25），轻者枝梢受冻，重者可造成全株死亡。受害叶片初期出现不规则的小斑点，随后斑点相连，发展成斑驳不均的大斑块，叶片褪色，叶缘干枯。发生后期幼嫩的新梢严重失水萎蔫，组织干枯坏死，叶片干枯脱落（图7-26），树势衰弱。

（2）发生原因 首先是气温的影响。春季软枣猕猴桃萌芽后，若夜间气温急剧下降，水气凝结成霜使植株幼嫩部分受冻。霜冻与地形也有一定的关系，由于冷空气密度较大，故低洼地常比平地降温幅度大，持续时间也更长，有的软枣猕猴桃园因选在冷空气容易凝聚的沟底谷地，则很容易受到晚霜的危害。

图7-25 软枣猕猴桃叶片结霜

图7-26 软枣猕猴桃霜害造成叶片干枯

（3）发生规律　3—5月为霜害的发生高峰期。在东北山区每年5月都有一场晚霜，此间低洼地栽培的软枣猕猴桃易受冻害。不同的软枣猕猴桃品种，其耐寒能力有所不同，萌芽越早的品种受晚霜危害越重，减产幅度也越大。树势强弱与霜害也有一定关系，弱树受害比健壮树严重；枝条越成熟，木质化程度越高，含水量越少，细胞液浓度越高，积累淀粉也越多，耐寒能力越强。另外，管理措施不同，软枣猕猴桃的受害程度也不同，土壤湿度较大，实施喷灌的软枣猕猴桃园受害较轻，而未浇水的园区一般受害严重。

（4）防治技术

①科学建园。选择北向缓坡地或平地建园，要避开霜道和沟谷，以避免和减轻晚霜危害。

②地面覆盖。利用玉米秸秆等覆盖软枣猕猴桃根部，阻止土壤升温，推迟软枣猕猴桃展叶和开花时期，避免晚霜危害。

③烟熏保温。在软枣猕猴桃萌芽后，要注意收听当地的气象预报，在有可能出现晚霜的夜晚当气温下降到1℃时，点燃堆积的潮湿的树枝、树叶、木屑、蒿草，上面覆盖一层土以延长燃烧时间。放烟堆要在果园四周和作业道上，要根据风向在上风口多设放烟堆，以便烟气迅速布满果园。

④喷灌保温。根据天气预报可采取地面大量灌水、植株冠层喷灌保温措施。

⑤喷施药肥。喷施防冻剂和磷钾肥，可提高植株对霜害的抵抗能力。

2.药害

（1）症状　其主要症状（图7-27至图7-29）是成龄叶被害叶片边缘失绿黄化或枯萎，幼叶及茎尖全部失绿黄化，影响开花坐果，造成树体衰弱。

（2）发生原因　软枣猕猴桃药害主要由于除草剂飘移引起，目前引起软枣猕猴桃发生药害的主要为2,4-滴丁酯等农田除草剂。植株症状明显，如枯萎、卷叶、落花、落果、失绿、生长缓慢等，重症植株死亡。2,4-滴丁酯是目前玉米等禾本科农作物广为使用的除草剂。2,4-滴丁酯（英文通用名为2,4-D-butylester）为苯氧乙酸类激素型选择性除草剂，具有较强的挥发性，药剂雾滴可在空中飘移很远，使敏感植物受害。根据实地调查发现，在静风条件下，2,4-滴丁酯产生的飘移可使200m以内的敏感作物产生不同程度的药害；在有风的条件下，它还能够越过像大堤之类的建筑，其药液飘移距离可达1 000m以上。

（3）预防对策及补救措施

①搞好区域种植规划。在种植作物时要统一规划，合理布局。软枣猕猴桃要集中连片种植，最好远离玉米等作物。在临近软枣猕猴桃园2 000m以内严禁使用具有飘移药害的除草剂进行化学除草，在安全距离之内也要在无风低温时使用。

②施药方法要正确。玉米田使用除草剂要选择无风或微风天气，用背负式手动喷雾器高容量均匀喷洒，施药时应尽量压低喷头，或喷头上加保护罩做定向喷洒，一般每667m^{2}用水40～50kg。

③及时排毒。注意邻近田间除草剂使用动向，飘移性除草剂使用量过大时要尽早采取排毒措施，方法是在第一时间用水淋洗植株，减少附着在植株上的药物。

④使用叶面肥及植物生长调节剂。一旦发现软枣猕猴桃发生轻度药害，应及时有针对性地喷洒叶面肥及植物生长调节剂。植物生长调节剂对农作物的生长发育有很好的刺激作用，同时，还可利用锌、铁、钼等微肥及叶面肥促进作物生长，有效减轻药害。一般情况下，药害出现后，可喷施0.3%尿素、0.3%磷酸二氢钾等速效肥料，促进软枣猕猴桃生长，提高抗药能力。常用植物生长调节剂主要有赤霉素、天丰素等，药害严重时可喷施10 ～ 40mg/kg的赤霉素或1.0mg/kg的天丰素，连喷2 ～ 3次，并及时追肥浇水，可有效加速受害作物恢复生长。

图7-27　软枣猕猴桃药害症状（叶缘失绿）　　　图7-28　软枣猕猴桃药害症状（幼叶黄化）

图7-29　软枣猕猴桃药害症状（叶缘干枯）

第八章　软枣猕猴桃代表性种质资源

种质资源的广泛收集、妥善保存、深入研究及积极创新等工作都应服务于"充分利用"这一中心任务。优异的种质本身既是实现种质资源工作方针的关键，也是种质资源高效利用的重要前提。软枣猕猴桃是我国的特色果树资源，虽然栽培利用的历史很短，但开发利用前景非常广阔。我国在软枣猕猴桃种质资源收集、保存、鉴定评价及种质创新领域开展了大量工作，为软枣猕猴桃种质资源的充分利用和品种选育奠定了坚实的基础。我们在本章中就部分代表性软枣猕猴桃种质资源进行展示，希望能够反映出软枣猕猴桃种质资源丰富的遗传多样性，也为软枣猕猴桃种质资源的高效利用提供借鉴。

一、雌株种质资源

1.魁绿

种质名称：魁绿（图8-1）
原产地（收集地）：吉林省集安市榆林乡
种质类型：选育品种
选育单位：中国农业科学院特产研究所
选育方法：资源收集
选育年份：1993年
观察地点：吉林市左家镇
形态特征和生物学特性：初萌幼芽绿带红条纹，新梢节间绿色，新梢被毛密、白色，成熟枝条表面灰或灰褐色，皮孔长梭形；芽孔开张，芽座中等大小。幼叶被毛极稀，成龄叶为卵圆形，叶尖急尖或尾尖，叶缘多出复锯齿，叶基心形，叶柄肉红色，上表面深绿色，下表面灰绿色，成龄叶叶柄长5.7cm，叶长13.6cm，叶宽11.4cm。雌能花，花序花朵数1~3朵，花瓣近圆形，花瓣数5~7个，花冠径2.7cm，花朵中度开放，花萼绿红色，花柱姿势为直立+水平，花药浅黑色，子房卵圆形。果实扁卵圆形，果实横径

28.9mm，纵径42.9mm，侧径24.3mm，果皮绿色，果肩平圆光滑，果顶凸起，果喙短钝凸，果肉浅绿色，果心中等大小，绿白色，横截面长椭圆形；种子椭圆形或卵圆形，黄褐色，千粒重1.9g。4月下旬萌芽，6月上中旬开花，9月上中旬成熟。

　　品质特性：平均单果重18.1g。果实可溶性固形物含量15.0%，含糖量8.8%，含酸量1.5%，每100g果实维生素C含量430mg。

　　抗逆性：耐寒2区，高抗细菌性溃疡病。

新梢

新梢被毛

成熟枝条及芽座

初萌幼芽颜色

叶片

花蕾及叶柄

花朵

花序及花瓣

果实

结果状

种子

植株

图8-1　魁绿形态特征

| 2.丰绿 |

种质名称：丰绿（图8-2）

原产地（收集地）：吉林省集安县复兴林场

种质类型：选育品种

选育单位：中国农业科学院特产研究所

选育方法：资源收集

选育年份：1993年

观察地点：吉林市左家镇

形态特征和生物学特性：初萌幼芽绿带红条纹，新梢节间绿带红色，新梢被毛密、粉色，成熟枝条表面灰褐色，皮孔梭形或长梭形；芽孔开张，芽座中等大小。幼叶被毛密度极稀，成龄叶为卵圆形，叶尖急尖或尾尖，叶缘粗单锯齿，叶基心形或截形，叶柄紫红色，上表面深绿色，下表面灰绿色，成龄叶叶柄长5.8cm，叶长13.4cm，叶宽10.5cm。雌能花，花序花朵数1～3朵，花瓣卵圆形，花瓣数5～6个，花冠径2.4cm，花朵开放不充分，花萼绿微红，花柱姿势水平或斜生，花药浅黑色，子房卵圆形。果实近圆形，果实横径25.0mm，纵径22.1mm，侧径20.9mm，果皮绿色，果肩平圆有棱纹，果顶平，果喙短尖凸，果肉绿色，果心小，绿白色，横截面长椭圆形。种子长卵圆形、长椭圆形或楔形，褐色，千粒重1.7g。4月下旬萌芽，6月上中旬开花，9月上中旬成熟。

品质特性：平均单果重8.5g。果实可溶性固形物含量16.0%，含糖量6.3%，含酸量1.1%，每100g果实维生素C含量254.6mg。

抗逆性：耐寒2区，高抗细菌性溃疡病。

新梢

新梢被毛

成熟枝条及芽座

初萌幼芽颜色

叶片

花蕾及叶柄

花朵

花序及花瓣

果实

结果状

种子

图8-2　丰绿形态特征

| 3.佳绿 |

种质名称：佳绿（图8-3）

原产地（收集地）：辽宁省桓仁县

种质类型：选育品种

选育单位：中国农业科学院特产研究所

选育方法：资源收集

选育年份：2014年

观察地点：吉林市左家镇

形态特征和生物学特性：初萌幼芽绿带红条纹，新梢节间绿带红色，新梢被毛密、粉红色，成熟枝条表面灰褐色或褐色，皮孔梭形或长梭形；芽孔开张，芽座大。幼叶被毛极稀，成龄叶为卵圆形，叶尖急尖或尾尖，叶缘二出复锯齿或多出复锯齿，叶基形状截形或圆形，叶柄红色，上表面绿色，下表面灰绿色，成龄叶叶柄长6.6cm，叶长15.5cm，叶宽10.5cm。雌能花，花序花朵数1～3朵，花瓣近圆形，花瓣数5～8个，花冠径2.5cm，花朵中度开放，花萼绿微红色，花柱水平或斜生，花药浅黑色，子房短圆柱形；果实长圆柱形，果实横径33.3mm，纵径45.3mm，侧径28.1mm，果皮绿色，果肩平圆形无棱纹，果顶突起，果喙长钝凸，果肉浅绿色，果心中等大小，绿白色，横截面近圆形；种子椭圆形或卵圆形，黄褐色，千粒重2.0g；4月下旬萌芽，6月上中旬开花，9月上中旬成熟。

品质特性：平均单果重19.1g。果实可溶性固形物含量19.4%，含糖量11.4%，含酸量0.97%，每100g果肉维生素C含量125.0mg。

抗逆性：耐寒2区，高抗细菌性溃疡病。

新梢

新梢被毛

成熟枝条及芽座

初萌幼芽颜色

叶片

花蕾及叶柄

花朵

花序及花瓣

果实

结果状

种子

植株

图8-3 佳绿形态特征

│ 4.苹绿 │

种质名称：苹绿（图8-4）
原产地（收集地）：吉林省集安县榆林乡
种质类型：选育品种
选育单位：中国农业科学院特产研究所
选育方法：野生选种
选育年份：2015年
观察地点：吉林市左家镇
形态特征和生物学特性：初萌幼芽绿带红条纹，新梢节间绿色，新梢被毛稀、褐色，成熟枝条表面灰褐色或赤褐色，皮孔梭形；芽孔开张，芽座大。成龄叶为卵圆形，叶尖急尖或尾尖，叶缘粗单锯齿或复锯齿，叶基心形、截形或圆形，叶柄绿色，上表面深绿色，下表面灰绿色，成龄叶叶柄长5.6cm，叶长13.2cm，叶宽9.2cm。雌能花，花序花朵数1～3朵，花瓣近圆形，花瓣数5～6个，花冠径2.6cm，花朵开放充分，花萼绿微红色，花柱水平，花药浅黑色，子房卵圆形。果实圆球形，果实横径34.3mm，纵径33.2mm，侧径28.6mm，果皮深绿色，果肩心形无棱纹，果顶凸起，果喙短尖凸，果肉颜色浅绿色，果心大，绿白色，横截面椭圆形。种子椭圆形或卵圆形，褐色，千粒重2.1g。4月下旬萌芽，6月上中旬开花，9月上中旬成熟。

品质特性：平均单果重18.3g。果实可溶性固形物含量18.5%，含糖量7.3%，含酸量0.76%，每100g果肉维生素C含量76.48mg。

抗逆性：耐寒2区，高抗细菌性溃疡病。

新梢　　　　　　　　　　　　　　　　　新梢被毛

成熟枝条及芽座

初萌幼芽颜色

叶片

花蕾及叶柄

花朵

花序及花瓣

果实　　　　　　　　　　　　　　　　　　　结果状

种子

图8-4　苹绿形态特征

| 5.茂绿丰 |

种质名称：茂绿丰（图8-5）
原产地（收集地）：辽宁省宽甸县
种质类型：选育品种
选育单位：不详
选育方法：资源收集
选育年份：2010年
观察地点：吉林市左家镇

形态特征和生物学特性：初萌幼芽绿带红条纹，新梢节间绿带红条纹，新梢被毛稀、褐色，成熟枝条表面褐色或红褐色，皮孔梭形或椭圆形；芽孔闭合，芽座大。成龄叶为卵圆形，叶尖急尖或尾尖，叶缘不规则复锯齿，叶基心形或截形，叶柄紫红色，上表面深绿色，下表面灰绿色，成龄叶叶柄长6.3cm，叶长15.9cm，叶宽14.2cm。雌能花，花序花朵数1～3朵，花瓣卵圆形，花瓣数5～7个，花冠径2.4cm，花朵开放程度中，花萼绿微红色，花柱斜生或水平，花药黑色，子房卵圆形。果实长圆柱形，果实横径27.2mm，纵径47.7mm，侧径25.8mm，果皮绿色或绿红色，果肩平圆无棱纹，果顶凸出，果喙短尖凸，果肉浅绿色，果心中等大小，绿白色，横截面椭圆形。种子卵圆形或椭圆形，褐色，千粒重1.7g。4月下旬萌芽，6月上中旬开花，9月中下旬成熟。

品质特性：平均单果重20.0g。果实可溶性固形物含量12.0%，含糖量6.8%，含酸量0.96%，每100g果肉维生素C含量219mg。

抗逆性：耐寒3区，高抗细菌性溃疡病。

新梢

新梢被毛

成熟枝条及芽座

初萌幼芽颜色

叶片

花蕾及叶柄

花朵

花序及花瓣

果实

结果状

种子

图8-5 茂绿丰形态特征

| 6.馨绿 |

种质名称：馨绿（图8-6）
原产地（收集地）：吉林省吉林市左家镇
种质类型：选育品种
选育单位：中国农业科学院特产研究所
选育方法：资源收集
系谱：无
选育年份：2016年
观察地点：吉林市左家镇
形态特征和生物学特性：初萌幼芽绿色，新梢节间绿带红条纹，新梢被毛密、褐色，成熟枝条表面灰褐色，皮孔梭形或长梭形；芽孔闭合，芽座大。成龄叶为卵圆形，叶尖急尖或尾尖，叶缘粗单锯齿或二出复锯齿，叶基楔形或圆形，叶柄红色或浅红色，上表面绿色，下表面灰绿色，成龄叶叶柄长5.2cm，叶长15.2cm，叶宽10.2cm。雌能花，花序花朵数1朵，花瓣卵圆形，花瓣数5～7个，花冠径2.2cm，花朵开放不充分，花萼绿色，花柱斜生，花药黑色，子房卵圆形。果实倒卵圆形，果实横径30.6mm，纵径36.3mm，侧径25.9mm；果皮绿色，果肩平圆无棱纹，果顶凸出，果喙短尖凸；果肉浅绿色，果心中等大小，绿白色，横截面椭圆形。种子圆形、椭圆形或卵圆形，黄褐色，千粒重2.3g。4月下旬萌芽，6月上中旬开花，9月上中旬成熟。
品质特性：平均单果重12.4g。果实可溶性固形物含量15.7%，可溶性糖7.9%，含酸量1.20%，每100g果肉维生素C含量46.5mg。
抗逆性：耐寒2区，高抗细菌性溃疡病。

新梢

新梢被毛

成熟枝条及芽座

初萌幼芽颜色

叶片

花蕾及叶柄

花朵

单花及花瓣

果实

结果状

种子

图8-6　馨绿形态特征

| 7.婉绿 |

种质名称：婉绿（图8-7）

原产地（收集地）：吉林省吉林市左家镇

种质类型：选育品种

选育单位：中国农业科学院特产研究所

选育方法：资源收集

系谱：无

选育年份：2019年

观察地点：吉林市左家镇

形态特征和生物学特性：初萌幼芽绿色，新梢节间绿带红条纹，新梢被毛密、浅粉色，成熟枝条表面灰褐色，皮孔梭形或长梭形；芽孔开张，芽座中等大小。成龄叶为卵圆形，叶尖急尖或尾尖，叶缘不规则复锯齿，叶基心形或圆形，叶柄肉红色或浅红色，上表面深绿色，下表面灰绿色，成龄叶叶柄长5.6cm，叶长15.5cm，叶宽10.4cm；雌能花，花序花朵数1～3朵，花瓣卵圆形，花瓣数5～8个，花冠径2.4cm，花朵开放程度中，花萼绿色，花柱斜生或水平，花药浅黑色，子房卵圆形。果实扁方形，果实横径36.8mm，纵径38.9mm，侧径29.5mm；果皮绿色，果肩心形有棱纹，果顶凸出，果喙短钝凸；果肉浅绿色；果心大，绿白色，横截面长椭圆形。种子卵圆形或椭圆形，褐色，千粒重1.9g。4月下旬萌芽，6月上中旬开花，9月上中旬成熟。

品质特性：平均单果重20.1g。果实可溶性固形物含量18.7%，含糖量8.2%，含酸量1.10%，每100g果肉维生素C含量96.76mg。

抗逆性：耐寒3区，高抗细菌性溃疡病。

新梢

新梢被毛

成熟枝条及芽座 　　　　　　　　　　初萌幼芽颜色

叶片 　　　　　　　　　　花蕾及叶柄

花朵 　　　　　　　　　　花序及花瓣

果实

结果状

种子

植株

图8-7 婉绿形态特征

| 8.甜心宝 |

种质名称：甜心宝（图8-8）

原产地（收集地）：吉林省吉林市左家镇

种质类型：选育品种

选育单位：中国农业科学院特产研究所

选育方法：实生选种

系谱：无

选育年份：2019年

观察地点：吉林市左家镇

形态特征和生物学特性：初萌幼芽绿色，新梢节间绿带红条纹，新梢被毛密、白色至浅粉色，成熟枝条表面灰色，皮孔梭形；芽孔开张，芽座大。成龄叶椭圆或卵圆形，叶尖急尖或尾尖，叶缘粗单锯齿或不规则复锯齿，叶基心形、圆形或楔形，叶柄肉红色或浅红色，上表面深绿色，下表面灰绿色，成龄叶叶柄长6.1cm，叶长14.8cm，叶宽10.3cm。雌能花，花序花朵数1～3朵，花瓣近圆形，花瓣数5～8个，花冠径1.8cm，花朵开放不充分，花萼绿色，花柱水平或倾斜，花药浅黑色，子房卵圆形。果实圆柱形，果实横径24.6mm，纵径28.2mm，侧径20.8mm；果皮绿色，果肩心形无棱纹，果顶平，果喙短尖凸；果肉绿色，果心中等大小，橙色或红色，横截面长椭圆形。种子长卵圆形或椭圆形，褐色；千粒重1.7g。4月下旬萌芽，6月上中旬开花，9月上中旬成熟。

品质特性：平均单果重11.4g。果实可溶性固形物含量17.5%，含糖量11.5%，含酸量0.96%，每100g果肉维生素C含量94.40mg。

抗逆性：耐寒3区，抗细菌性溃疡病。

新梢

新梢被毛

成熟枝条及芽座

初萌幼芽颜色

叶片

叶柄

花蕾

花朵

花序及花瓣

果实

结果状

种子

图8-8　甜心宝形态特征

| 9.瑞绿 |

种质名称：瑞绿（图8-9）

原产地（收集地）：吉林省吉林市左家镇

种质类型：选育品种

选育单位：中国农业科学院特产研究所

选育方法：实生选种

系谱：无

选育年份：2019年

观察地点：吉林市左家镇

形态特征和生物学特性：初萌幼芽绿色，新梢节间绿带红条纹，新梢被毛密、浅粉色，成熟枝条表面灰褐色，皮孔棱形；芽孔开张，芽座大。成龄叶椭圆形或卵圆形，叶尖急尖或尾尖，叶缘粗单锯齿或不规则复锯齿，叶基形状圆形或楔形，叶柄红色或浅红色，上表面绿色，下表面灰绿色，成龄叶叶柄长5.6cm，叶长15.3cm，叶宽10.3cm。雌能花，花序花朵数1～3朵，花瓣卵圆形，花瓣数5～6个，花冠径2.2cm，花朵开放不充分，花萼绿红色，花柱水平或斜生，花药浅黑色，子房卵圆形。果实长圆柱形，果实横径26.0mm，纵径38.5mm，侧径20.6mm，果皮深绿色，果肩平圆有棱纹，果顶平，果喙短尖凸，果肉绿色，果心中等大小，绿白色，横截面长椭圆形。种子椭圆形，黄褐色，千粒重1.7g。4月下旬萌芽，6月上中旬开花，9月上中旬成熟。

品质特性：平均单果重14.9g。果实可溶性固形物含量20.2%，含糖量13.6%，含酸量1.18%，每100g果肉维生素C含量57.17mg。

抗逆性：耐寒2区，抗细菌性溃疡病。

新梢

新梢被毛

成熟枝条及芽座

初萌幼芽颜色

叶片

叶柄

花蕾

花朵

花序及花瓣

果实

结果状

种子

图8-9　瑞绿形态特征

| 10.红心1号 |

种质名称：红心1号（图8-10）

原产地（收集地）：吉林省吉林市左家镇

种质类型：品系

选育单位：中国农业科学院特产研究所

选育方法：实生选种

系谱：无

选育年份：2009年

观察地点：吉林市左家镇

形态特征和生物学特性：初萌幼芽绿色，新梢节间绿红色，新梢被毛稀、浅粉色，成熟枝条表面灰褐色或褐色，皮孔梭形或长梭形；芽孔闭合，芽座大小中。成龄叶为卵圆形，叶尖急尖或尾尖，叶缘粗单锯齿或多出复锯齿，叶基楔形、圆形或心形，叶柄紫红色，上表面绿色，下表面灰绿色，成龄叶叶柄长5.3cm，叶长14.3cm，叶宽9.6cm。雌能花，花序花朵数1~3朵，花瓣卵圆形，花瓣数5~6个，花冠径2.5cm，花朵开放程度中，花萼绿色，花柱水平，花药浅黑色，子房卵圆形。果实心形，果实横径30.2mm，纵径31.9mm，侧径24.9mm，果皮绿色，果肩心形无棱纹，果顶凸起，果喙短钝尖，果肉浅绿色，果心中等大小，红色，横截面椭圆形。种子椭圆形或卵圆形、黄褐色、千粒重2.2g。4月下旬萌芽，6月上中旬开花，9月上中旬成熟。

品质特性：平均单果重13.2g。果实可溶性固形物含量15.7%，含糖量7.3%，含酸量1.1%，每100g果肉维生素C含量104.25mg。

抗逆性：耐寒3区，高抗细菌性溃疡病。

新梢

新梢被毛

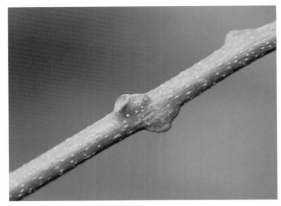

成熟枝条及芽座

初萌幼芽颜色

叶片

叶柄

花蕾

花朵

花序及花瓣

果实

结果状

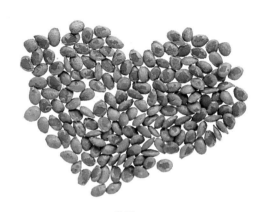

种子

图8-10　红心1号形态特征

| 11. 大扁果 |

种质名称：大扁果（图8-11）

原产地（收集地）：吉林省吉林市左家镇

种质类型：品系

选育单位：中国农业科学院特产研究所

选育方法：实生选种

系谱：无

选育年份：2009年

观察地点：吉林市左家镇

形态特征和生物学特性：初萌幼芽绿色，新梢节间绿带红，新梢被毛密度中、粉红色，成熟枝条表面灰褐色或红褐色，皮孔梭形；芽孔闭合，芽座大。成龄叶为卵圆形，叶尖急尖或尾尖，叶缘二出复锯齿或多出复锯齿，叶基心形，叶柄紫红色，上表面深绿色，下表面灰绿色，成龄叶叶柄长5.6cm，叶长14.5cm，叶宽10.1cm。雌能花，花序花朵数1～3朵，花瓣长卵圆形，花瓣数8～13个，花冠径2.9cm，花朵开放充分，花萼绿色，花柱倾斜或水平，花药黑色，子房短圆柱形。果实扁方形，果实横径34.9mm，纵径31.6mm，侧径28.9mm，果皮绿色带红晕，果肩心形无棱纹，果顶平，果喙短钝尖，果肉颜色绿色，果心大、绿白色，横截面长椭圆形。种子长卵圆形、长椭圆形或楔形，黄褐色，千粒重1.5g。4月下旬萌芽，6月上中旬开花，9月上中旬成熟。

品质特性：平均单果重18.2g。果实可溶性固形物含量13.1%，含糖量7.5%，含酸量1.29%，每100g果肉维生素C含量52.75mg。

抗逆性：耐寒3区，高抗细菌性溃疡病。

新梢

新梢被毛

成熟枝条及芽座

初萌幼芽颜色

叶片

花蕾及叶柄

花朵

花序及花瓣

果实

结果状

种子

图8-11　大扁果形态特征

| 12.丹阳 |

种质名称：丹阳（图8-12）

原产地（收集地）：辽宁省丹东市

种质类型：选育品种

选育单位：辽宁省北林农业有限公司

选育方法：资源收集

系谱：无

选育年份：2020年

观察地点：吉林市左家镇

形态特征和生物学特性：初萌幼芽绿色带红条纹，新梢节间绿带红，新梢被毛密度中、褐色，成熟枝条表面灰褐色，皮孔梭形或长梭形；芽孔开张，芽座中等大小。成龄叶为卵圆形，叶尖急尖或尾尖，叶缘细单锯齿或二出复锯齿，叶基心形、截形或圆形，叶柄红色，上表面绿色，下表面灰绿色，成龄叶叶柄长5.1cm，叶长14.9cm，叶宽9.6cm。雌能花，花序花朵数1～3朵，花瓣形状近圆形。果实圆球形，果实横径36.1mm，纵径30.0mm，侧径30.5mm，果皮深绿色，果肩心形有棱纹，果顶凸起，果喙短钝凸，果肉绿色，果心大，绿白色，横截面长椭圆形。种子长卵圆形、椭圆形、楔形或半圆形，褐色，千粒重2.3g。4月下旬萌芽，6月上中旬开花，9月中下旬成熟。

品质特性：平均单果重20.0g。果实可溶性固形物含量13.3%，含糖量7.0%，含酸量1.81%，每100g果肉维生素C含量161.99mg。

抗逆性：耐寒3区，抗细菌性溃疡病。

新梢

新梢被毛

成熟枝条及芽座

初萌幼芽颜色

叶片

花朵及叶柄

果实

结果状

种子

图 8-12　丹阳形态特征

| 13.黄果1号 |

种质名称：黄果1号（图8-13）
原产地（收集地）：吉林市左家镇
种质类型：品系
选育单位：中国农业科学院特产研究所
选育方法：实生选种
系谱：无
选育年份：2009年
观察地点：吉林市左家镇
形态特征和生物学特性：初萌幼芽绿色带红条纹，新梢节间绿红色，新梢被毛密度中、褐色，成熟枝条表面灰褐色或褐色，皮孔梭形；芽孔闭合，芽座中等大小。成龄叶为卵圆形，叶尖急尖或尾尖，叶缘细单锯齿，叶基圆形或楔形，叶柄浅红色，上表面绿色，下表面灰绿色，成龄叶叶柄长4.8cm，叶长13.2cm，叶宽9.5cm。雌能花，花序花朵数1～3朵，花瓣阔卵圆形，花瓣数5～7个，花冠径2.1cm，花朵开放程度中，花萼绿色，花柱水平，花药黑色，子房卵圆形。果实卵圆形，横径22.7mm，纵径31.0mm，侧径20.4mm；果皮绿黄色，果肩平圆形无棱纹，果顶平，果喙长钝尖，果肉绿色，果心小，绿白色，横截面圆形。种子长卵圆形或长椭圆形，黄褐色，千粒重1.6g；4月下旬萌芽，6月上中旬开花，9月上中旬成熟。
品质特性：平均单果重9.0g。果实可溶性固形物含量12.0%，含糖量7.5%，含酸量2.32%，每100g果肉维生素C含量173.52mg。
抗逆性：耐寒3区，高抗细菌性溃疡病。

新梢

新梢被毛

成熟枝条及芽座

初萌幼芽颜色

叶片

花蕾及叶柄

花朵

果实

结果状

种子

图8-13　黄果1号形态特征

|14.柳河1501|

种质名称：柳河1501（图8-14）

原产地（收集地）：吉林省通北市柳河县

种质类型：品系

选育单位：吉林农业大学

选育方法：资源收集

系谱：无

选育年份：2015年

观察地点：吉林省长春市

形态特征和生物学特性：初萌幼芽绿色，新梢节间绿带浅红色，新梢被毛密度中、白色，成熟枝条表面灰褐色，皮孔棱形；芽孔开张，芽座大。成龄叶为卵圆形，叶尖急尖或尾尖，叶缘细单锯齿，叶基圆形或楔形，叶柄浅红色，上表面绿色，下表面灰绿色，成龄叶叶柄长5.3cm，叶长13.0cm，叶宽9.2cm。雌能花，花序花朵数1～3朵，花瓣近圆形，花瓣数5～7个，花冠径2.3cm，花朵开放程度中，花萼绿色，花柱水平，花药黑色，子房倒卵圆形。果实卵形，果实横径29.8mm，纵径31.9mm，侧径25.7mm，果皮深绿色，果肩心形有棱纹，果顶平，果喙短尖凸，果肉绿色，果心大小中，绿白色，横截面长椭圆形。种子椭圆形或卵圆形，褐色，千粒重1.9g。4月下旬萌芽，6月上中旬开花，9月中下旬成熟。

品质特性：平均单果重14.4g。果实可溶性固形物含量13.6%，含糖量8.6%，含酸量1.5%，每100g果实维生素C含量197.96mg。

抗逆性：耐寒3区，高抗细菌性溃疡病。

新梢

新梢被毛

成熟枝条及芽座

初萌幼芽颜色

叶片

叶柄及花蕾

花朵

花序及花瓣

果实　　　　　　　　　　　　　　结果状

种子　　　　　　　　　　　　　　植株

图8-14　柳河1501形态特征

| 15.园绿 |

种质名称：园绿（图8-15）
原产地（收集地）：吉林市左家镇
种质类型：品系
选育单位：中国农业科学院特产研究所
选育方法：实生选种
系谱：无
选育年份：2009年
观察地点：吉林省长春市
形态特征和生物学特性：初萌幼芽绿带红条纹，新梢节间绿带红条纹，新梢被毛密度稀、浅粉色，成熟枝条表面灰色，皮孔椭圆形或梭形；芽孔开张，芽座大小中。成龄叶为卵圆形，叶尖急尖或尾尖，叶缘粗单锯齿，叶基圆形、楔形或心形，叶柄肉红色或浅红色，上表面绿色，下表面灰绿色，成龄叶叶柄长4.7cm，叶长13.7cm，叶宽9.2cm。雌能花，花序花朵数1～3朵，花瓣卵圆形，花瓣数5～6个，花冠径2.6cm，花朵开放程度中，花萼绿红色，花柱水平或倾斜，花药黄色，子房卵圆形。果实扁卵圆形，果实横径28.0mm，纵径32.6mm，侧径22.3mm，果皮绿色，果肩心形无棱纹，果顶凸起，果喙短尖凸，果肉浅绿色，果心大、绿白色，果心横截面长椭圆形。种子卵圆形或椭圆形，黄褐色，千粒重1.7g。4月下旬萌芽，6月上中旬开花，9月上中旬成熟。

品质特性：平均单果重12.1g。果实可溶性固形物含量11.7%，含糖量6.4%，含酸量2.08%，每100g果肉维生素C含量101.52mg。

抗逆性：耐寒2区，高抗细菌性溃疡病。

新梢

新梢被毛

成熟枝条及芽座　　　　　　　　　　初萌幼芽颜色

叶片　　　　　　　　　　　　　　　　叶柄

花蕾　　　　　　　　　　　　　　　　花朵

花序及花瓣

果实

结果状

种子

图8-15 园绿形态特征

|16.天源红 |

种质名称：天源红（图8-16）

原产地（收集地）：河南省郑州市

种质类型：选育品种

选育单位：中国农业科学院郑州果树研究所

选育方法：实生选种

系谱：无

选育年份：2004年

观察地点：河南省郑州市

形态特征和生物学特性：新梢节间绿带红色，成熟枝条表面黄褐色，皮孔梭形。成龄叶为卵圆形，叶尖尾尖，叶缘细单锯齿，叶基楔形，叶柄浅红色，上表面绿色，下表面灰绿色，成龄叶叶柄长6.2cm，叶长10.1cm，叶宽6.1cm。雌能花，花序花朵数1～3个，花瓣数4～6个，花萼绿色，雌蕊20～22个，花药黑色。果实长椭圆形，果皮紫红色，果肩圆形无棱纹，果顶平，果喙短钝凸，果肉红色，果心红色。种子近圆形，黑褐色，8月下旬成熟。

品质特性：平均单果重12.0g。果实可溶性固形物含量16.0%，含糖量13.0%，含酸量1.2%。

抗逆性：耐寒4区。

叶片（齐秀娟供图）

结果状（齐秀娟供图）

图8-16 天源红叶片及结果状

二、雄株种质资源

1.绿王

种质名称：绿王（图8-17）
原产地（收集地）：吉林市左家镇
种质类型：选育品种
选育单位：中国农业科学院特产研究所
选育方法：资源收集
系谱：不详
选育年份：2015年
观察地点：吉林市左家镇
形态特征和生物学特性：初萌幼芽绿色，新梢节间绿带红色，新梢被毛密度稀、褐色，成熟枝条表面灰色或灰褐色，皮孔椭圆形或梭形；芽孔开张，芽座大。成龄叶为长卵圆形或椭圆形，叶尖急尖或尾尖，叶缘粗单锯齿，叶基楔形或圆形，叶柄紫红色，上表面深绿色，下表面灰绿色，成龄叶叶柄长5.3cm，叶长16.3cm，叶宽10.6cm。雄花，花序花朵数1～7朵，花瓣卵圆形，花瓣数5～7片，花冠径2.0cm，花朵开放程度中，花萼绿色，花药黑色。

授粉特性：每朵花花药数44.6个，花药花粉数16 750粒，花粉萌发力94.8%。
抗逆性：耐寒3区，高抗细菌性溃疡病。

新梢

新梢被毛

成熟枝条及芽座　　　　　　　　　　初萌幼芽

叶片　　　　　　　　　　　　　　叶柄

花蕾　　　　　　　　　　　　　　花朵

花序及花瓣　　　　　　　　　　子房异常发育花朵

图8-17　绿王形态特征

| 2. 61-1 |

种质名称：61-1（图8-18）

原产地（收集地）：吉林市左家镇

种质类型：品系

选育单位：中国农业科学院特产研究所

选育方法：资源收集

系谱：无

选育年份：1961年

观察地点：吉林省长春市

形态特征和生物学特性：初萌幼芽绿色，新梢节间绿带浅红色，新梢被毛密度稀、白色，成熟枝条表面灰褐色，皮孔梭形或长梭形；芽孔开张，芽座小。成龄叶为卵圆形，叶尖急尖或尾尖，叶缘粗单锯齿，叶基截形或圆形，叶柄浅红色，上表面深绿色，下表面灰绿色，成龄叶叶柄长7.4cm，叶长14.1cm，叶宽11.6cm。雄花，花序花朵数1～7朵，花瓣阔卵圆形，花瓣数5～7枚，花冠径2.1cm，花朵开放程度中，花萼绿色，花药黑色。

授粉特性：每朵花花药数29.9个，花药花粉数20 250粒，花粉萌发力45.6%。

抗逆性：耐寒2区，高抗细菌性溃疡病。

新梢 　　　　　　　　　　　　　　　　新梢被毛

成熟枝条及芽座

初萌幼芽

叶片

花蕾

花序及花瓣

花朵

图 8-18　61-1 形态特征

主要参考文献

艾军，2014. 软枣猕猴桃栽培与加工技术 [M]. 北京：中国农业出版社.

白晓雪，秦红艳，韩先焱，等，2020. 软枣猕猴桃休眠芽超低温保存技术研究 [J]. 果树学报，37(8): 1247-1255.

曹建冉，2019. 软枣猕猴桃种质资源抗寒性评价及其抗寒生理机制研究 [D]. 北京：中国农业科学院研究生院.

曹学春，李春迤，1984. 宽甸县软枣猕猴桃优选简报 [J]，辽宁果树(1): 30-31.

崔志学，1993. 中国猕猴桃 [M]. 济南：山东科学技术出版社.

大井次三郎，1965. 日本植物誌 顕花篇 [M]. 改訂新版. 東京：至文堂.

韩飞，黄宏文，刘小莉，等，2018. 软枣猕猴桃新品种'猕枣2号'的选育 [J]. 中国果树(1): 91-93.

胡忠荣，陈伟，李坤明，等，2006. 猕猴桃种质资源描述规范和数据标准 [M]. 北京：中国农业出版社.

黄宏文，钟彩虹，姜正旺，等，2013. 猕猴桃属 分类 资源 驯化 栽培 [M]. 北京：中国林业出版社.

黄宏文. 2013. 中国猕猴桃种质资源 [M]. 北京：中国林业出版社.

焦言英，王绍礼，1988. 软枣猕猴桃的两个鲜食优良株系 [J]. 中国林副特产(5): 7-8.

李新伟，2007. 猕猴桃属植物分类学研究 [D]. 北京：中国科学院研究生院.

李旭，曹万万，姜丹，等. 2015. 长白山野生软枣猕猴桃资源分布与果实和叶片性状多样性 [J]. 北方园艺(15): 22-27.

李亚东，2016. 中国小浆果产业发展报告 [M]. 北京：中国农业出版社.

梁畴芬，1984. 中国植物志：第49卷2分册 [M]. 北京：科学出版社.

刘旭，李立会，黎裕，等. 1998. 作物种质资源研究回顾与发展趋势 [J]. 农学学报，8(1): 1-6.

片冈郁雄，水上徹，金鎮國，等，2006. サルナシの倍数性変異の地域分布と特性 [J]. 園芸学雑誌，75(別2): 12.

朴一龙，赵兰花，2012. 韩国软枣猕猴桃开发利用概况 [J]. 中国果树(4):75-76.

齐秀娟，方金豹，韩礼星，等，2010. 全红型软枣猕猴桃新品种——'天源红'的选育 [C]. 中国园艺学会猕猴桃分会第四届研讨会论文摘要集，10.

秦红艳，范书田，艾军，等，2017. 软枣猕猴桃新品种'馨绿' [J]. 园艺学报. 44 (10): 2029–2030.

石广丽，艾军，秦红艳，等，2018. 不同软枣猕猴桃资源的需冷量 [J]. 北方园艺(16): 81-84.

水上徹，金鎮國，別府賢治，等，2005. サルナシ (Actinidia arguta) の 結実および果実形質に及ぼす同種および異種花粉の授粉の影響 [J]. 園芸学雑誌，74(別2):33.

温欣. 2020. 软枣猕猴桃种质资源溃疡病抗性评价及抗性生理研究 [D]. 北京：中国农业科学院研究生院.

谢玥，王丽华，董官勇，等，2014. 软枣猕猴桃新品种'宝贝星' [J]. 园艺学报，41(1): 189–190.

杨庆文，秦文斌，张万霞，等，2013. 中国农业野生植物原生境保护实践与未来研究方向[J]. 植物遗传资源学报，14(1)：1-7.

殷展波，崔丽宏，刘玉成，等，2008. '桓优1号'软枣猕猴桃品种特性观察[J]. 河北果树(2):8-19.

袁福贵，1979. 软枣猕猴桃栽培技术研究工作开展情况[J]. 特产科学实验(3): 33-35.

袁福贵，1983. 软枣猕猴桃生物学特性观察初报[J]. 特产科学实验(3):25-28.

袁福贵，张志伟，1984. 软枣猕猴桃初选优良单株"软果二号"简介[J]. 特产科学实验(4):45.

张敏，王贺新，娄新，等，2017. 世界软枣猕猴桃品种资源特点及育种趋势[J]，生态学杂志，36 (11):3289-3297.

张莹，吴永朋，陈尘，等，2020. 陕西猕猴桃新品种'秦紫光1号'[J]. 园艺学报，47 (3): 603–604.

张志伟，林秀风，冯玉学，1990. 软枣猕猴桃优良单株[J]. 植物杂志(6):10-11.

赵淑兰，2002. 软枣猕猴桃品种简介[J]. 特种经济动植物(2):35.

郑晓明，陈宝雄，宋玥，等，2019. 作物野生近缘种的原生境保护[J]. 植物遗传资源学报，20(5): 1103-1109.

Batchelor J, Miyabe K, 1893. Ainu economic plants [J]. Japan: Trans. Asiatic Soc. (21): 198-240.

Georgeson C C, 1891. The economic plants of Japan. III. Fruit bearing vines [J]. Am Garden, 12(3): 136-143, 147.

Han X, Wang Y, Liu K C, et al., 2020. A new Leipothrix (Trombidiformes: Eriophyoidea) infesting Actinidia fruit trees in Jilin province, Northeastern China [J]. International Journal of Acarology, 46(7): 479-488.

Ito K, Kaku H, 1883. Figures and descriptions of plants in Koshikawa Botanical Garden [J]. (Translated by J.Matsumura.)Vol.2: Tokyo: Z.P.Maruya.

Phivnil K, Beppu K, Mochioka R et al., 2004. Low-chill trait for endodormancy completion in Actinidia arguta Planch. (Sarunashi) and A. rufa Planch. (Shima-sarunashi), indigenous Actinidia species in Japan and their interspecific hybrids [J]. Journal of Japanese Society of Horticultural Science, 73(3): 244-246.

Shim K K, Ha Y M, 1999. Kiwifruit production and research in Korea [J]. Acta Horticulturae (498): 127-131.

Козак Н В, Имамкулова З А, Медведев С М, 2017. Actinidia arguta в коллекции редких ягодных культур ФГБНУ ВСТИСП[J]. Сборник научных трудов Государственного Никитского ботанического сада, (144-1):24-28 с.

Козак Н В, Иммамкулова З А, Куликов И М, и пр., 2020. Редкие ягодные культуры: морфология, биохимия, экология[M]. Москва: ФГБНУ ВСТИСП.

Колбасина Э И, Козак Н В, Темирбекова СК, и пр., 2008. Генофонд Актинидии （Actinidia Lindl.) в России[M]. Москва: Россельхозакадемия.

Скрипченко Н В, Мороз П А, 2002. Актинидия[M]. Киев: Наукова думка.

Тетерев Ф К, 1962. Дикие плодовоягодные и орехоплодные растения СССР и их использование[M]. Москва: Госсельхозиздат.

Титлянов А А, 1969. Актинидии и лимонник[M]. владивосток: Дальневосточное книжное изд.

Царенко В П, 2017. История садоводства на Дальнем Востоке России[M]. владивосток: Морской гос. Университет.

Чебукин П А, 1999. Дальневосточные представители рода Actinidia L[J]. Генофонд растений Дальнего Востока России (Материалы конф. к 70-летию ДВОС ВИР), 130-132с.

Шайтан И М, Мороз П А, Клименко С В, и пр., 1983. Интродукция и селекция южных и новых плодовых растений[M]. Киев: Наукова думка.

Шашкин И Н, 1937. Актинидии, их свойства, сорта и перспективы культуры[M]. Москва.-Лениград: АН СССР..